U0362976

弘祥 编著

每天懂一点

博弈思维

民主与建设出版社
·北京·

©民主与建设出版社，2024

图书在版编目（CIP）数据

每天懂一点博弈思维 / 弘祥编著. -- 北京：民主
与建设出版社，2024.7. -- ISBN 978-7-5139-4658-2

Ⅰ. O225-49

中国国家版本馆 CIP 数据核字第 2024R9H681 号

每天懂一点博弈思维

MEITIAN DONG YIDIAN BOYI SIWEI

编　　著	弘　祥	
责任编辑	王　颂	
封面设计	于　芳	
出版发行	民主与建设出版社有限责任公司	
电　　话	（010）59417749　59419778	
社　　址	北京市朝阳区宏泰东街远洋万和南区伍号公馆 4 层	
邮　　编	100102	
印　　刷	三河市宏顺兴印刷有限公司	
版　　次	2024 年 7 月第 1 版	
印　　次	2024 年 9 月第 1 次印刷	
开　　本	710 毫米×1000 毫米　　1/16	
印　　张	14	
字　　数	185 千字	
书　　号	ISBN 978-7-5139-4658-2	
定　　价	56.00 元	

注：如有印、装质量问题，请与出版社联系。

在博弈场里，你是棋手，还是棋子

博弈思维，源于古老的棋局，却贯穿于我们日常的方方面面。在博弈场上，每一位参与者都面临着一个重要而又深刻的问题：是成为引领局势的棋手，还是被动地成为博弈中的棋子？这个问题不仅仅局限于棋局，更是人生中一个深具哲学意味的命题。

要在这个复杂多变世界的巨大棋盘上行走得游刃有余，我们需要的不仅是技巧，更是一种超越局势的思考方式。每一个决策都如同棋盘上的一步棋，无论是计划未来的策略，还是面对意外事件时的应对，我们都在博弈中奋力前行。成为棋手，意味着拥有主动权，能够谋划未来，引导命运的走向。在这个过程中，我们必须学会思考，到底是选择主动塑造自己的命运，还是顺从于大势的摆布？

在博弈场上，我们需要灵活思考，在必要之时转换角色，以适应环境的变幻。正如棋盘上的棋子，有时候需要暂时放弃主动，以更好地应对对手的进攻。这种智慧和灵活性，是博弈场上真正的高手所具备的思维能力。博弈思维让我们有能力在棋手与棋子之间找到一种平衡，以更好地适应这个多变而又不可预测的世界。

博弈思维是一种战略性的思考方式，在决策时洞察形势，善于权衡取舍。正如每天的日出日落，我们在生活的舞台上也经历着各种各样的博弈。是与自己的内心对弈，还是在与他人的交往中斟酌，这些都是博弈思维在日常生活中的体现。

《每天懂一点博弈思维》是关于人生棋局和思维策略的探讨，书中会讲述一个个小故事，并用博弈思维来解读其中的抉择与决断。通过这样的点滴积累，我们将慢慢拼凑起博弈思维的完整画卷，让读者在日常生活中更加游刃有余地运用这种思考方式。

既是棋手，又是棋子，这样的双重身份不仅让我们在博弈中更富韧性，也让我们更加理解生命的多样性。成为棋手，我们能够引领自己的人生航向，勇敢地迎接挑战；而成为棋子，我们能够谦卑地面对不确定性，保持谨慎而平和的心态。

在古往今来的历史长河中，无数智者通过博弈思维，谱写了一个个令人叹为观止的故事。而今，我们有幸能够在本书中，一同走进这个博弈的世界，感受其中的奥妙和趣味。或许在这个过程中，我们会发现博弈并非冷酷无情，而是一种让人思索、让人升华的艺术。

通过阅读《每天懂一点博弈思维》，我们不仅能够提升自己的智慧，更能够在博弈中找到生活的趣味。希望这本书能够成为你生活中的得力伙伴，引导你走进博弈思维的精妙世界，让你在每一次决策中都能游刃有余，成为生活中的博弈高手。

博弈思维，是一种超越时空的智慧，并非仅存在于外部世界，更是内心深处的一场较量。无论你是管理人员、职场员工，还是创业者、学生，抑或是对人际关系和决策过程感兴趣的专业人士，博弈思维都将成为你思考和行动的强大工具。

下面，让我们共同踏上这段关于策略、竞争和合作的探索之旅，开启一场深奥而充满智慧的旅程，每天领略博弈思维的点滴，逐渐悟出其中的精髓。

上篇　博弈逻辑

　　博弈论是一门研究多个决策者之间相互作用的科学，它提供了一种系统的框架和方法，为决策提供重要的理论支持和实践指导，以帮助参与者制定最优策略。通过学习和掌握博弈论的基本原理和方法，我们可以运用博弈思维应对各种挑战和机遇，取得更符合预期的成果。

　　博弈困境是博弈论中一个重要的概念，描述了参与者由于信息不对称、利益冲突或其他原因而无法达成最优决策的情况。在这种情况下，参与者可能会陷入一种思维漏洞下的认知茧房，即只关注自己的利益和偏见，忽略了其他参与者的利益和整体最优解。

第03章 博弈策略：打开思维格局，提升获胜概率 / 028

博弈策略是指在博弈中，参与者为了实现自己的目标而采取的一系列行动和决策的方案。在博弈论中，一个有效的博弈策略应该能够使参与者在不同情况下做出最优的决策，并且考虑到其他参与者的可能反应。要提升博弈获胜概率，需要打开思维格局，制定有效的博弈策略。

第 04 章　博弈规则：用规则反制规则 / 039

博弈规则对于博弈的结果和参与者之间的互动具有重要影响，有时甚至可以改变博弈的均衡结果。要制定有效的博弈规则，需要深入分析博弈场景和参与者的行为模式，并考虑各种可能的影响因素。

第 05 章　博弈控制：威胁可信，承诺亦可信 / 051

在博弈中，可信的威胁可以有效地影响其他参与者的行为和决策，但需要谨慎使用，以避免破坏合作关系或引发其他问题。承诺也需要谨慎使用，确保其可信度。可信的承诺可以提高对方的信任度，促进合作关系的建立和维护。

第 06 章　博弈风险：在变化中把握不确定性／062

博弈是对利益的争夺，因为过程中各种信息和资源的变化，必然会产生一些不确定性。参与者需要面对来自对手行为的不确定性、自身决策的不确定性以及环境变化的不确定性等多个方面的风险。

中篇　博弈法则

第 07 章　人性博弈：人性不能预测，却能充分博弈／077

人性博弈是一种深入探讨人类行为和决策的思维方式，尽管人性复杂且难以预测，但通过充分理解其内在规律和驱动因素，人们可以在各种情境中进行有效的博弈。人性博弈提醒人们在处理人际关系和决策时，既要认识到人性的不可预测性，也要学会深入理解并利用人性的规律。

第 08 章　心理博弈：心有定数，便不再迷路 / 088

心理博弈是策略与情感的交织。这要求我们，一方面深入探索对手的内心世界，了解其恐惧、欲望与弱点；另一方面，稳固自己的心理防线，不被外界的干扰和诱惑所左右。心有定数，意味着在复杂情境中保持清醒和冷静，明确自己的目标和策略。如此便能洞察先机，把握主动，不再迷失于变幻莫测的心理战场。

第 09 章　利益博弈：融合不同的利益目标 / 099

利益博弈的核心在于如何协调和整合不同的利益目标，以达到共赢的结果。这需要各方具备开放和包容的心态，通过充分沟通，寻找利益的共同点。在利益博弈中，应注重建立长期的合作关系，以共同发展为目标。通过公平合理的利益分配，实现各方的长期合作与共赢。

第 10 章 逆向博弈：时间去而不返，思维可以回头 / 111

逆向博弈让我们明白，时间是必然流逝的，但时间所留下的事情本身一定有印记，我们可以让思维回头，从事件的反向角度去发现正向角度难以发现的问题，重新掌握博弈的主动权。

第 11 章 问题博弈：找到高维频道，让问题消失 / 125

问题博弈是一种思考方式，通过从一个全新的角度看待问题，能够超越表面现象，深入挖掘问题的本质。在问题博弈中，需要摆脱常规的思维模式，挑战既有的假设和框架，以发现问题的根本原因和可能的解决方案。

第 12 章　选择博弈：没有正确的选择，只有使选择正确的行动 / 138

选择博弈，不仅是权衡利弊的过程，更是价值观的体现。我们常在多种可能性中摇摆，担忧选择是否正确。但实际上，正确的选择并不存在，只有使选择正确的行动。我们要学会做出符合自己价值观的选择，并勇敢地为之努力。

下篇　博弈智慧
第 13 章　社交博弈：所有的关系都是起伏的 / 149

社交博弈是指人们在社交场合中为了实现各自的目标而进行的互动和竞争。在社交博弈中，人们需要通过分析社交博弈的特点和影响因素，并运用各种策略和技巧来影响他人的决策，以帮助人们在社交博弈中保持灵活性和应对能力。

第 14 章　商业博弈：输了战役，赢了战争 / 160

商业博弈中，各方为争夺市场份额和利益而展开激烈的竞争。在这场战役中，有时可能会遭遇暂时的失利，甚至牺牲部分利益。然而，如果能够从长远的角度出发，制定出具有战略意义的决策，就有可能赢得整场战争。

第 15 章　职场博弈：逆人性管人，顺人性驭人 / 172

职场博弈是指在职场管理过程中管理者与被管理者之间进行的策略互动和利益权衡。职场博弈的核心在于如何有效地激发被管理者的积极性和创造力，同时约束和引导其行为。因此，职场管理通常需要考虑参与者的行为模式、利益诉求和决策过程，以及如何通过合理的策略选择来达到最优的结果。

第 16 章　谈判博弈：过程可以博弈，结果必须双赢 / 185

谈判博弈的过程可以充满策略和技巧，但结果必须实现双赢，这符合博弈论的基本原则。双赢的结果意味着参与者在谈判中都能获得一定的利益，实现各自的目标和需求，同时也为长期合作创造了条件。

第 17 章　营销博弈：借局布阵，力小势大 / 198

借用别人的优势，造成有利于自己的局面，虽然兵力不大，却能发挥极大的威力。借他人之势，布自己之阵，是符合经济学理论的行为，从商业利益的角度看，这种做法能让自己以最小的成本获取最大的收益。

上 篇

博弈逻辑

　　博弈逻辑帮助我们理解和分析在复杂互动决策中的行为逻辑。博弈逻辑超越了个体行为的简单预设，而深入到策略性互动和决策制定的深层结构中。通过深入探讨个体之间的相互影响和预期，博弈逻辑有助于揭示更深层次的社会互动结构和行为逻辑。

◆

第 01 章

博弈真相

博弈论是一门帮你取胜的科学

博弈论是一门研究多个决策者之间相互作用的科学，它提供了一种系统的框架和方法，为决策提供重要的理论支持和实践指导，以帮助参与者制定最优策略。通过学习和掌握博弈论的基本原理和方法，我们可以运用博弈思维应对各种挑战和机遇，取得更符合预期的成果。

博弈的要素

博弈的本义是局戏、下棋、赌博。博弈作为利益的竞争，始终伴随着人类的发展。经过无数代人的演变和总结，博弈论以现代数学分支的状态进入现代人的意识中。同时博弈论也是现代运筹学的一个重要学科，更是现代经济学的重要体现。

博弈论是在多决策主体之间行为具有相互作用时，各主体根据所掌握的信息及对自身能力的认知，做出有利于自己的决策的一种行为理论。

博弈论发展到今天，已经成为一门完善的学科，应用范围涉及各个领域。博弈思维则是博弈论在现实中的体现，对博弈论的分析和对博弈思维的合理运用，加深了我们对合作和冲突的理解。

博弈一定是一种相互的行为，为了利益相互竞争，借助策略争夺利益，根据所掌握的信息制定策略。因此，根据博弈论的定义和实际运用，博弈必须包含四个基本要素，即参与者、利益、策略和信息。

1. 至少有两个参与者

博弈的参与者是指在博弈中制定博弈策略的人，因此也称为"决策主体"。没有博弈就没有博弈参与者，没有参与者也就形不成博弈。想要形成博弈，必须有至少两个参与者，也就是说博弈必须形成相互关系，如同做生意必须有买方和卖方一样。

博弈论的奠基人约翰·诺依曼在《博弈论与经济行为》中曾对此举例说明，鲁滨逊漂流到一座荒岛上，与世隔绝，形成了一个独立的个人系统，没有博弈。但当"星期五"加入后，虽然是主仆关系，但系统中有了两个参与者，就形成了博弈。

有两个参与者的博弈，称为双人博弈；有多个参与者的博弈，称为多人博弈。参与者之间的关系是相互影响，或者合作或者对立，无论是两人博弈，还是多人博弈，目的都是通过制定决策与对方的决策抗衡，为自己争取最大利益。

2. 最终目的是获得最大利益

因为博弈的双方或各方有各自不同的利益，便产生了博弈。博弈参与者之所以投入到博弈中，就是为了获得自己的最大利益。

利益是既抽象又复杂的概念，不仅指以金钱为代表的物质利益，还可以是其他所有对自己有利的非物质利益。相对而言，利益越大对参与者的吸引力便越大，博弈的过程也会越激烈。但利益的大小并非以利益本身来定，而是以博弈参与者是否在意而定，参与者在乎的，即使一些很微小的利益也能成为博弈参与者争夺的主要因素，一些潜在利益比表象利益更能成为争夺的主要因素。

比如，一对夫妻为了晚上吃什么闹矛盾，丈夫是东北人，想吃铁锅炖大鹅，而妻子是重庆人，想吃麻辣香锅，两人谁也说服不了谁；再如，王熙凤陪贾母打牌输了钱，单纯看是金钱博弈，她输了，但哄贾母高兴的目的却达到了。

3. 制定有利于自己的策略

策略是用来解决问题的手段、计谋和计策。在博弈中，决策参与者根据获得的信息和自己的判断，制定出一个可以帮助自己获得最大利益的执行策略，即最优策略。

博弈是各方策略之间的较量，策略也是博弈的核心，关系着最终的胜败得失。博弈论因此也被称为"对策论"。2005 年诺贝尔经济学奖获得者罗伯特·奥曼曾说："博弈就是双方或多方之间的策略互动。"

策略必须有选择性，只有一种应对选择便不能称之为策略。例如著名的历史事件华容道，如果曹操面前只有一条路可走，而诸葛亮也只能派关羽去把守，关羽也没有理由不杀死曹操，则曹操与诸葛亮、关羽之间便不存在博弈。但实际上是曹操面前有两条路，诸葛亮不仅要判断出曹操选择的路线，还要派遣一个一定不会杀死曹操的人去把守，而关羽也确实有放过曹操的情由和品行。所以《三国演义》中的这段三方博弈，诸葛亮作为操盘手，让三方各取所需，曹操得生，诸葛亮得利，关羽得名。

4. 制定策略的依据是信息

知已知彼，百战不殆。要想制定出可以战而胜之的策略，就必须获得与博弈有关的全部信息，只有掌握了准确、全面的信息，才能做出准确的判断。

在博弈中，信息已经成为一种作战手段，在家喻户晓的空城计中，诸葛亮凭借巧妙布局向司马懿传递出大量虚假信息，让司马懿误以为西城中埋伏着千军万马，并以一曲琴声吓退 15 万魏军。虽然《三国演义》中这段的描写有些夸张，但传递错误信息迷惑对方，在古今中外的战场上早已成为常用战术。由此衍生的商战中，也有很多以信息迷惑对手而达到目的的精彩案例。

既然信息有真有假，就需要甄别信息的真假。识别信息的目的不是分离出哪些是真、哪些是假，而是要从真与假的信息中找到可为己所用的，这就要求我们必须学会从平常事务中识别信息。

以上便是博弈的四个要素，任何博弈中都将全部包含。博弈的过程中，四个要素中的任意一个都可能随着博弈的变化而变化。

博弈的分类

博弈论是研究决策制定和策略选择的数学分支，涵盖广泛的领域，其分类主要基于参与者数量、信息水平、选择策略、博弈性质和利益所得。

第 1 种：基于参与者数量的分类

单人博弈：这种博弈只涉及一个参与者，即这名参与者面对决策问题的情形，博弈核心是参与者如何最大化实现自己的利益。这种博弈情境下，参与者需要在不涉及其他参与者的情况下做出最优决策。

典型的单人博弈案例是股票市场中的投资者决策。投资者需要在不知道其他投资者策略的情况下，根据市场信息和个人风险偏好做出投资决策。在这种情况下，投资者需要考虑市场趋势、公司基本面等因素，以最大化投资组合的价值。

双人博弈：这种博弈涉及两名参与者，两名参与者的决策直接影响对方。这种博弈情境下，参与者之间的互动和相互影响成为决策的关键因素，而纳什均衡等概念被广泛应用于这类博弈的分析中。

"囚徒困境"就是经典的双人博弈案例。两名犯罪嫌疑人被捕，面临合作与背叛的决策。如果两人都合作，他们将得到最轻的刑罚；如果其中一人合作而另一人背叛，合作者将受到重刑，背叛者则得到较轻的刑；如果两人都背叛，两者都将受到较重的刑罚。这个案例强调了合作与背叛之间的权衡，揭示了在双人博弈中寻找最优策略的复杂性。

多人博弈：这种博弈涉及多于两名参与者，其中每名参与者的决策可能会受到其他某个参与者或所有参与者的影响。经典的理论包括合作博弈和非合作博弈。合作博弈考虑参与者通过协商形成联盟，而非合作博弈则要求参与者研究独立决策的情况。

核心稳定性理论强调通过形成联盟达到对称解决方案。假设有多个国家，它们可以选择是否加入一个贸易联盟。核心稳定性理论考虑的是，如果一个联盟形成，其他国家是否有动机加入，或者如果某个国家退出是否会崩溃。例如，考虑三个国家 A、B 和 C，它们之间有各自的贸易利益。如果 A、B 和 C 形成了一个联盟，其他国家可能会考虑是否以某种方式重新组合，使得没有国家能离开，同时也没有其他国家能加入。这样的情况就可能构成了核心，即稳定的解决方案。这个理论帮助我们理解在多人博弈中如何形成合作，以实现对称和稳定的结果。

第 2 种：基于信息水平的分类

完全信息博弈：在信息全部公开的博弈中，每个参与者都了解游戏的规则、其他参与者的策略和先前的决策。

国际象棋是典型的完全信息博弈。对弈者可以看到整个棋盘上的所有棋子，并且了解对方的每一步棋。这种博弈情境中，对弈者的策略基于对整个局势的完全了解。

不完全信息博弈：在信息不全部公开的博弈中，参与者只了解有限的信息，或者存在信息的隐瞒，或者信息受到不确定性的影响。

扑克是经典的不完全信息博弈。每个玩家手中的牌对其他玩家都是未知的，且可能存在潜在的策略性隐瞒。在扑克游戏中，玩家的策略需要基于手牌和其他玩家的行为进行推测，而不是基于对整个博弈状态的完全了解。

第 3 种：基于选择策略的分类

静态博弈：博弈的参与者同时选择策略，或者虽然有先后，但后做出决策的参与者并不知道其他参与者先做出的决策。

某地为建设大型污水处理厂，面向社会招标。竞标截止日期是 12 月 31 日。虽然各公司投标的日期都不同，但相互之间并不知道彼此的竞标策略，拼的就是工程的设计、质量和报价。

动态博弈：博弈的参与者行动有先后顺序，而且后者是在了解了前者策略的前提下，制定出自己的策略。

两家同处一个街区的超市展开竞争，分别根据对方的策略制定自己的策略，如定期调整价格或推出新产品，以适应对方的行动。这种博弈情境中，每一步的决策都受到对方先前决策的影响。

第 4 种：基于博弈性质的分类

合作博弈：这里的合作不是指博弈参与者之间具有合作意向或合作态度，而是指博弈参与者之间具有约束力的协议、约定或契约，参与者必须在这些协议、约定或契约的范围内进行博弈。参与者可以选择合作以实现共同利益，也可以选择背叛以追求个体利益。

地狱里的人, 即便桌上摆满了各种美食, 但由于刀、叉、餐勺尺寸过长, 而无法自己进食, 全都拼命争着往自己的嘴里送食物, 却总也吃不到。天堂的饮食条件一样, 却欢声笑语不断, 大家都在相互给别人喂食。天堂里的人就是天性的合作博弈, 大家都得利。

非合作博弈: 博弈参与者在博弈时, 无法达成一个对各方都有约束力的协议。即每个参与者都追求个体最大化的利益, 缺乏直接的合作机制。

两个人玩石头剪刀布的游戏, 规定石头胜剪刀、剪刀胜布、布胜石头。在这个游戏中, 两个人不能合作, 必须选择对自己最有利的策略。

第 5 种: 基于利益所得的分类

零和博弈: 博弈参与者的利益总和保持不变, 一方的收益等于另一方的损失。在这种情况下, 总利益是固定的, 任何一方的盈利都来自其他参与者的亏损。

赌博是零和博弈的经典案例。在赌场中, 玩家的总输赢是零和关系, 一方赢得的金额等于其他人失去的金额。

正和博弈: 博弈参与者的总利益是增加的, 各方可以通过合作实现共同的利益。在这种情况下, 合作可以创造新的价值, 使得每个参与者都能获益。

商业合作是典型的正和博弈。当两家公司合作共同开发新产品时, 他们可以共担研发成本, 拓展市场份额, 实现共同利益。这种合作促进了双赢的局面, 使得参与者的总体利益增加。

负和博弈: 博弈参与者的总利益是减少的, 且是负的, 合作难以创造新的价值, 导致各方的损失大于总利益。这种博弈形式往往涉及激烈的竞争和冲突。

军备竞赛是典型的负和博弈。国家之间为了提高军事实力, 进行军备扩张, 但整体上军备开支却对各国造成了负担, 并加剧了与周边国家和对立国家的紧张局势, 形成总体上的负和效应。

博弈论带给我们的启示

博弈论对个人生活有什么影响呢？可以说无处不在，我们的身边几乎无时无刻不在上演着一场场博弈，从古到今从未间断，有博弈的地方就用得上博弈论。

田忌赛马的故事在中国可谓家喻户晓，孙膑的策略让田忌赢得了原本不可能赢的赌局。如果没有孙膑的策略，田忌与齐威王的赌局就只能是循规蹈矩的对战，上等马对上等马，中等马对中等马，下等马对下等马，因为田忌的每一等马都不如齐威王，结果自然是三局皆败。孙膑的策略则是丢卒保车，牺牲下等马去对阵齐威王的上等马，这局输了不要紧，只要接下来的两局赢了即可获胜。于是田忌的上等马对齐威王的中等马，田忌的中等马对齐威王的下等马，全都胜出。

这就是通过博弈帮助自己解决问题的真实故事，博弈论的关键就在于最优决策的选择。这种选择存在于生活的方方面面。如果你是一名高中学生，上大学要选哪个专业呢？如果你已经是大学生，那么毕业后的就业方向该如何选择呢？如果你是一名上班族，应该如何保持与同事、上司和老板之间的关系呢？如果你是一名创业者，要怎样才能为自己的事业博得更多的利益呢？如果你是未婚人士，该如何选择合适的终身伴侣呢？如果你是已婚人士，又该如何与家人相亲相伴呢……

由此可见，博弈论对我们的影响无处不在，我们每一天都会面对博弈，涉及自己，也涉及别人，涉及利益，也涉及思想。

因此，博弈论对我们的启示也是方方面面的，可以概括为学会选择、理解合作和善用策略三个方面。

启示1：学会选择

当选择的机会摆在面前，须通过对问题进行细致深入的分析，做出使自己受益最大的决策，才能把握住机会。

在博弈论中，每个参与者都需要根据对手的策略来选择自己的最优策略。在做出决策时，需要充分考虑各种可能的结果，以及每种结果对自己的影响。同时，还需要学会权衡利弊，以找到对自己最有利的选择。

启示 2：理解合作

能够最善于且最高效运用合作法则的人，才能生存得最好，且合作适用于任何领域、任何人。

通过合作，我们可以实现资源共享、优势互补，从而提高整体效益。在合作过程中，我们需要理解合作的重要性，并学会如何与他人合作。同时，还需要理解合作的风险和收益，以做出明智的决策。

启示 3：善用策略

有效的策略化思维并不能保证自己每次博弈都能取得胜利，但会增加取胜的概率，更为重要的是可以让自己在逆境中获得转机。

通过策略预测对手的行动，从而更好地制定自己的决策。在制定策略时，需要充分了解对手的情况，并尽可能地预测对手的行动。同时，还需要学会灵活运用策略，以应对复杂多变的局面。

总之，博弈论最重要的启示可以概括为：学会选择、理解合作和善用策略。通过对博弈的正确运用，可以更好地应对生活中的决策挑战。

博弈是各方之间的策略互动

博弈论是一种研究各方之间策略互动的科学。在博弈中，参与者需要根据对手的策略来调整自己的策略，以达到最佳效果。博弈论广泛应用于经济、政治、军事等领域中。

冷战时期，美国和苏联之间开展军备竞赛，双方都希望通过增加军备来提高自己的安全和地位。然而，如果双方都过度增加军备，将会导致全球局势紧张，甚至一度有引发核战争的危机。因此，博弈需要寻求一种平衡，使得双方都能够保持相对安全的局面。

在这个博弈中，美国和苏联都是参与者，双方都需要考虑对方的策略和自己的最优反应。美国可能选择增加军备来提高自己的安全，但这会导致苏联也增加军备，进而导致全球局势更加紧张。因此，美国需要考虑到苏联的反应，并试图找到一种能够保持相对安全的策略。

在实践中，美国和苏联通过一系列的谈判和协商，最终达成了一种相对稳定的军备控制协议。协议规定了两国的军备上限，避免了全球局势的过度紧张。这个案例表明了博弈思维在处理各方之间策略互动时的重要性。

博弈中策略的选择能为我们带来最大利益，为了实现这个目标，必须理性地分析自己所有策略可能带来的利益，再分析对方所有策略可能对自己产生的影响。

博弈思维是一种科学的、理性的思维方式，有强大的逻辑支撑，所有博弈结果均是由参与者的行动和决策决定的。

通过运用博弈思维，人们可以更好地理解和分析各方之间的策略互动，从而制定出更加明智的决策。例如，在商业竞争合作中，各方可以通过运用博弈思维分析彼此之间的利益关系和策略选择，从而达成更加公平和有效的合作协议。在企业管理中，博弈思维可以被用来分析企业内部员工之间的竞争和合作关系，从而制定出更加合理的人力资源管理策略。在社会问题解决中，如环境保护、公共交通、城市规划等方面，各方可以通过运用博弈思维平衡彼此之间的利益和需求，从而达成更加合理和可行的解决方案。

可以说，博弈思维与每个人的生活都息息相关。能够运用博弈思维积极进取的人，总是不抱怨、不悲观、不放弃，能够清醒地认识自己，不断制订目标，不断实现目标，不断突破自己，通过努力、行动和策略达到预期目标。

人们时刻面临着各种挑战，无论是个人努力还是职场发展、利益竞争、管理驭人、商业合作等。是否懂得运用博弈思维，并能在各方之间的策略互动中找到制胜的关键，决定了人们在激烈的竞争中获得成功，还是无奈接受失败。

总之，博弈思维是研究各方之间策略互动的科学，广泛应用于各个领域。通过运用博弈思维，人们可以更好地理解和分析各方之间的策略互动，从而制定出更加明智的决策。在实践中，博弈思维的应用需要考虑到具体情境和问题背景，同时也需要遵守相应的伦理和法律规范。

纳什均衡推翻亚当·斯密

谈到博弈论，就不能不提到美国数学家、经济学家约翰·纳什，他于1950年编写论文《n人博弈中的均衡点》，第二年又发表了另一篇论文《非合作博弈》。这两篇论文中都提到了"纳什均衡"，如今已经成为博弈论中最重要、最基础的理论，博弈论的研究范围和应用领域因此得到极大扩展。

纳什和其提出的纳什均衡之所以在博弈论领域有着权威性的地位，是因为他挑战了该领域的上一任绝对权威——亚当·斯密。

亚当·斯密是西方现代经济学的奠基人，其传世经典《国富论》被称为西方经济学的根本。但纳什却指出了斯密的一个错误，动摇了斯密建立的西方经济学基础，引发了现代经济学的一场革命。

斯密多次在自己的著作中提到，每个人做出对自己有利选择的时候，对这个社会也最有利。也就是追求自己利益最大化的同时，也会给社会带来累积性收益。通俗的解释就是，每个人把自己的事情做好了，社会便好了。如果仅以常理推断，这是非常有道理的，每个人都努力做到最好，结论一定是"众人拾柴火焰高"。就像拔河比赛，每个人都使出最大的力气，整支队伍便会形成最大的合力。但现实社会的情况远比拔河复杂，拔河时整支队伍的所有人都朝着一个方向用力，不存在博弈，而现实生活中的人们在追求各自利益时必然会产生博弈，朝着不同方向用力，如此便不能形成合力。因此，纳什认为并不是每个人的个体利益相加，便会得到最大的社会公共利益。

纳什均衡则是要考虑博弈中每个参与者的决策，但并不意味着每个参与者都选择对自己最优的决策，就能得到最好的结果。关于这一点，"囚徒困境"就是最好的案例，两名囚犯都明白最好的结果是"两人都不坦白"，但因为彼此不知道对方会不会坦白，因此就会选择无论对方是否坦白，对自己都将是最有利的做法，即自己坦白。这样，两个人明明选择了对自己最优的策略，却得到了所有选择中第二糟糕的结果。

在纳什均衡提出之前，没有人怀疑亚当·斯密，当时的人们认为只要提供和保障一个良好的市场环境，保障参与其中的人们能够得到公平竞争，当每个人都在追求自己私利的时候，市场这只看不见的手就会发挥出最佳效果，社会将得到最大的收益。但纳什均衡告诉我们，即便参与竞争的每个人都是理性的，得到的结果却未必是理性的。

斯密理论的产生是有其时代背景的。在资本主义社会早期，主要经济模式是手工作坊和私人小工厂，斯密发现若每个个体都追求利益最大化，便会使机体得到最大利益。这种单纯讲个体利益相加得到集体利益的结论，必须建立在个体利益的串行状态上，即个体利益之间相互没有交易，各自完成自己的工作就好。随着资本的日益集中，企业经营逐渐脱离了原始状态，企业之间不再是独立的个体，而是形成了既有合作又有竞争的复杂关系。个体利益之间相互影响，集体利益不再是单纯等于个体利益相加之和，此时斯密的理论便不再成立了。这并不是否定斯密对现代经济学的贡献，只是时代的局限让他无法预知后续的经济发展走向。

正是因为纳什对斯密的挑战，让博弈论可以在现代经济学中占有重要位置。博弈论在经济领域的应用主要是处理个体利益与集体利益之间的相互影响和相互作用。纳什考虑到个体利益之间必然存在着矛盾，在这种状态下想要得到集体利益的最大化，需要在所有个体利益之间找到一种均衡，当个体利益处于这样一种均衡状态时，得到的集体利益才是最大的。

◆

第 02 章

博弈困境

思维漏洞下的认知茧房

　　博弈困境是博弈论中一个重要的概念，描述了参与者由于信息不对称、利益冲突或其他原因而无法达成最优决策的情况。在这种情况下，参与者可能会陷入一种思维漏洞下的认知茧房，即只关注自己的利益和偏见，忽略了其他参与者的利益和整体最优解。

囚徒困境是人性的写真

一个月黑风高的夜晚，两名窃贼甲和乙在进入一栋别墅行窃时被主人发现，将主人杀死。两人为了能在被警察抓住时顺利脱罪，定下了攻守同盟，即都不承认入室盗窃杀人的事实，然后分了盗窃所得便分开了。

警方经过多方调查，锁定并抓获了甲和乙，但此时两人都已将赃物赃款挥霍一空。而且警方尚未找到杀人的凶器，只在死者房间的地板上找到了几枚鞋印，与甲和乙所穿鞋码符合；同时，有目击证人能够提供案发当晚看见两名男子从死者家中跑出来，但并未看清长相，只是看到体态特征和所穿衣物与甲和乙大致相符。警方需要知道凶器在哪里，因此得到甲和乙的口供就变得非常重要。但审讯过程中，两人都矢口否认，都说当晚只是进屋行窃，刚进去就发现主人已经死了，便出来了。

警方看到两人虽然被隔离审讯，但供词却出奇一致，显然是事先做了准备。为了打开审讯僵局，一名经验丰富的老警察对甲和乙分别说了如下一番话。

"尽管你们不承认自己杀了人，但我们都知道事情是你们做的，真的假不了，早晚会水落石出，到时候你们面临的将是灭顶之灾。现在我给你指一条生路，如果你先坦白了，那你就是主动自首，同时还有协助警方破案的行为，法院在量刑时一定会考虑这些因素，你不仅不会被判死刑，还会获得轻判的机会（假设判有期徒刑 20 年）。如果你不坦白，那就只能指望你的同伙也不坦白，否则立功的机会都是人家的，你则必须接受杀人罪行的惩罚，我们都知道杀人偿命的道理（假设判死刑）。当然，你们最好的机会是都不坦白，这样将会以入室盗窃的罪名被起诉，判几年刑也就出来了（假设判有期徒刑 3 年）。你们也可以选择都坦白，那么就同时算作主动自首，就都不会被判处死刑，但会比单独坦白判得要重，因为两人都坦白就不算是协助警方破案了（假设判处死刑缓期执行）。该如何选择，你不仅要想自己，还要想你的同伙会怎么选。在此期间，我们将不再主动问你们，就看你们谁先说了。"

以理性的思维看，甲和乙都会选择不坦白，这样他们只会以入室盗窃的罪名被判刑，对于两人来说是最好的结局。但结果却出乎意料，两个人都选择了坦白，结果都被以入室盗窃杀人罪判处死刑缓期执行。

这就是著名的"囚徒困境"，也称为"囚徒二难"。为什么甲和乙会同时做出这样"不理智"的选择呢？其实，这样的结果正是两人理智分析得到的，这种理性的背后体现的是人性最深处的自私。

囚徒面临的选择有两个：坦白或不坦白。甲和乙都会盘算哪种选择对自己更有利。选择坦白，要么单独被轻判（20年），要么和同伙一起被轻判（死缓）；选择不坦白，要么和同伙一起被轻判（3年），要么单独被重判（死刑）。虽然同时不坦白对两人是最好的结局，但由于是分开审讯，信息不通，无法确定对方会不会选择坦白。选择坦白的结果是判"20年"或"死缓"，选择不坦白的结果是"3年"或"死刑"，在不知道对方策略的情况下，人性会很自然地选择一种对自己更具优势的策略。两人都不希望对方占了自己"不坦白"的便宜，而独享"坦白"后轻判的福利，因此即便是面临所有选择中第二重的刑法"死缓"，也会选择坦白。

这就是"囚徒困境"对人性的最真实的写照，明明是想选择对自己最有利的策略，却因为相信其他人也都会自私地寻求个人最大效益，得到了两败俱伤的结果。

"囚徒困境"是利用了人性中的极度自私，在单次博弈中逼得人不得不放弃对个人而言的最优解，而去追求避免最坏情况发生的次优解。但这种次优解相对于博弈各方都可获得的最优解仍属于非常糟糕的状况。生活中的"囚徒困境"经常发生，但因为人们总是无法破解，而被迫去选择次优解，长此积累必将造成影响人生走向的关键选择的一再错漏，让人生失去提升的机会。

反复衡量却得到坏的结果

《论语·公冶长》中有言："季文子三思而后行。子闻之，曰：再，斯可矣。"意思是：季文子办事，要反复考虑多次才做行动，孔子听了说，考虑两次就可以了。

孔子告诉我们，思考任何一件事都无须过度思考，因为简单的事情简单思考即可，复杂的事情再怎么思考也难以在思维层面化解。更为重要的是，思考得多了，反而容易做出错误的选择。

我们应该都有过这样的经历：看好一款商品，犹豫不决下不了决心，反复地对比三家后，最终还是会选择最初的那一款。不能简单地将之归结为先入为主，因为这个"先入"的不一定是最先看到的，而应该是最先认同的。看好一款商品是需要过程的，这个过程已经将我们对同类商品的各种对比项进行了筛选，也就是经过了货比三家，此后再进行的商品对比只是之前过程的重复。人在经历同样的事情时，总是对第一次更为细心和在意，因此不论是这款商品确实物有所值，还是对自己过往心血的珍视，第一次选中的商品对自己而言就是最好的。

在现实中，很多人不仅做到了三思而行，甚至做到了 N 思而行，认为思考得越多，所形成的策略就越正确。但那些成功者做出的正确决策都是来自反复不断的思考吗？如果真是反复思考，恐怕就无法做出决策了，"选择困难症"就是这样诞生的。反反复复地想要找到一个各方面都对自己有利的策略，但是每种策略下自己都要有所失，于是更加犹豫不决，只等到必须做出决策时，才匆匆决定。这就是为什么很多人经过 N 思后，结果仍不理想，甚至得到了最不希望的结果。

甲和乙合伙做生意，甲有资金但不善交际，乙有人脉但缺少资金。两人合伙可谓各取所长，于是甲投资，乙投自己，公司很快成立。因为甲资金雄厚，加上乙工作能力出色，公司发展超过预期。这时两个人都动起了脑筋，甲认为自己出资贡献最大，乙只是跟自己借光才有今天；乙认为甲除了出钱没有什么贡献，要不是自己拼命干，甲的那点钱不可能获得这么多升值。

于是，两人分心了，相互之间想了各种招数要将对方挤出公司，奈何股东协议的法律效力让两人都难以达到目标。最终甲棋高一着，引入了看似和两人都不相干的丙作为技术股东，并和乙一起让渡给丙一定的股份。乙虽然和甲争夺公司，但也希望公司能越做越好，丙的技术实力在业内是有名的，便同意了。没想到，丙的加入打破了甲和乙之间的僵局，丙如甲预期的那样倾向于甲，甲终于夺到了公司的控制权。乙棋差一着，懊恼不已，他不希望自己的心血被甲谋夺，便想到了同归于尽。于是，乙以自己占股超过 10% 的法律依据，向法院申请公司破产清算，无论公司是否能保住，甲都要继续和乙斗下去。等到甲、乙之间的问题终于解决后，公司发展的黄金时段已经过去了，公司已经走下坡路了。最后，甲也没兴趣保住公司了，最后他也同意公司破产清算。

这场负和博弈让我们明白，有太多的博弈是因为反复衡量后，貌似选择了最佳策略，却不料得到了最坏的结果。这个案例中的甲和乙，都在公司发展起来后，想着如果自己能独占公司的控制权和所有权，就能取得最大利益。单从这个思考过程看，这样的利益因果关系都没错。但如果加入事件本身——经营公司，这样的利益因果博弈就是非常不合理的。两人最好的策略应该是继续合力将公司做大，利益蛋糕越做越大，个人的占比即便不大，获得的利益却能越来越多。但两人在经过反复较量和策略对弈后，选择了最坏的一种，直接将利益的蛋糕彻底打翻了。

三思而行是为了让我们保持冷静、权衡得失，选择最适合自己的策略。衡量的次数不等于成功的概率，我们不能只顾着衡量，却忽视了实际情况和利弊得失。真正的智者一定懂得如何根据自己的实际情况和需求，选择最适合自己的方法。

博弈只是为了论输赢

有人问计于智者："能否以博弈之理来谈人生？"

智者曰："博弈非纯为输赢，乃是一种智慧与策略之艺术。有时，取胜之道，并非一味地争强斗狠，反而应在布局之际，深思熟虑每一步的行动，也许因此失去一些眼前的小利，却可换取大局中的优势。"

斗鸡场上，两只实力相当的斗鸡碰到一起，它们的选择只有两个——退缩或进攻。如果自己退缩，则对方获得胜利；如果对方退缩，则自己获得胜利；如果都不退缩，则必然是两败俱伤，甚至有可能双双毙命；如果都退下来，则都得到保全。对于斗鸡而言，退缩是不可饶恕的，无论输赢都必须斗到底。于是，两只斗鸡不约而同地选择进攻，哪怕已经相互啄咬得鲜血淋漓，也依然不退缩，最终一只鸡被啄瞎了眼睛，另一只鸡则被啄破了喉管，当场死亡。看结果，是瞎眼的斗鸡获得了胜利，但这样的惨胜真的有意义吗？

当然，对于斗鸡而言，它们不可能理解这种无意义的互斗的胜利与失败的意义。但对于人类而言，是必须深刻思考的，因为现实中有很多人都有这种"斗鸡情结"，遇到争论必须分高下，遭遇竞争一定论输赢。若是实力碾压，能轻松获胜，好斗看起来也无可厚非，但仍然是得饶人处且饶人更显气度。若是实力均衡或者事态依然陷入僵局，却依然以输赢心态面对，事态只会更加朝着自己不希望的方向发展。

博弈论输赢是对博弈的误解，认为凡是对弈就必须有输方和赢方。想一想，下棋也有和棋，而不都是胜负盘，何况博弈呢？博弈可以涵盖生活、工作的方方面面，就像不能简单地以黑白论是非一样，博弈也同样不能简单地以输赢论胜败。

假设甲欠乙 1 万元钱已有三年，乙认为甲借款时间长，自己需要得到相应利息，便要求甲附带利息一共还 1.1 万元。乙多次催要无果，双方还因此发生了冲突。丙帮忙调解，提出让乙减免利息费用，甲只须偿还本金 1 万元。如果甲乙双方依然保持强硬态度，冲突可能会升级，也可能衍生出其他事端，最后双方都得不偿失。如果一方选择妥协，则此事解决的希望便大增。虽然我们对欠债不还的情况是谴责的，妥协好像是助长了一种歪风，但有时候面对一些实在让人心累的局面，选择让自己输一次也未尝不是好的选择。

博弈的目的是要将利益最大化，而要获得最大利益的方式却不只是博弈获胜这一条路。利益的合理化也同样重要，不纠结于必须赢的心理，可以让自己能够从"事外"的角度审视一件复杂的事情。

因此，博弈是在竞争和合作中寻求最佳的策略和结果。虽然博弈论中确实存在输赢的概念，但博弈并不仅仅是为了分出胜负，而是为了通过分析和比较各种策略，找到最优的解决方案。

背叛的诱惑总是无法抵挡

在博弈论中，背叛是一个重要的概念。背叛是指博弈参与者在博弈中违反了原有的协议或承诺，从而获得更多的利益。背叛可以发生在任何形式的博弈中，也可以发生在任何场景的博弈中。

为什么合作中的背叛总是会发生呢？通过对囚徒困境的解读，我们知道了背叛是为什么发生的，因为不背叛，对方可能会因此获利，而自己则会因为坚守合作原则而遭受更大的损失。于是，背叛顺理成章地发生了，本是为了让自己获利的，但究竟能否通过背叛获利，并不是囚徒困境所反映的一种非得利的情况，因为现实中确实有很多背叛的情况让背叛者获利了。下面通过一个详细的案例探讨背叛获利。

在一个寡头竞争的市场中，A 公司和 B 公司生产相同的产品，其原材料采购也来自同一家供应商。假设市场上的需求是固定的，两家公司都可以通过降低价格增加自己的市场份额。如果两家公司都保持原价，它们各自可以获得 100 万元的利润。之前，两家公司虽然没有签署过正式的不单独降价协议，但已在多年和平竞争的情况下，形成了不单独降价的游戏规则。而且单独降价就意味着打价格战，两家公司最终都占不到便宜。

但如今市场情况发生了变化，A 公司变更了原材料采购供应商，在采购价格下降的情况下，具备了单独降价的条件。也就是说，如果一家公司降低价格，其利润会增加，但另一家公司的利润会减少。

在这种情况下，如果 A 公司降低价格，B 公司的利润会减少到 40 万元。但是，如果 B 公司也降低价格，其利润也会减少到 40 万元。因此，B 公司没有动力单独降低价格。然而，如果 A 公司降低价格后，B 公司也降低价格，那么 A 公司的利润只会减少至 80 万元。虽然也降低了，但对比 B 公司的降幅，是完全可以接受的，其价格战的目的也就达成了。这意味着 A 公司可以通过背叛对 B 公司的承诺（不降低价格）来获得更大的利益。

在这个案例中，A 公司的背叛行为可以增加其利润，而 B 公司不管是坚守游戏规则也好，还是实在打不起价格战也罢，总之其利润会大幅减少。对于 A 公司而言，这就是背叛的获利。

这种背叛行为可以发生在任何形式的博弈中，只要博弈参与者之间存在相互影响和相互作用的决策过程。合作是为了获得更多的利益，但若是背叛能带来更大的利益或者能让对手付出更大的代价，则背叛就成了首选策略。虽然背叛也会带来一些长期的不利影响，但背叛获利的诱惑还是会影响一些博弈参与者去破坏合作。

因此，在博弈论中，博弈参与者需要权衡背叛的得利和长期合作的重要性。在某些情况下，博弈参与者可能会选择坚守承诺或寻求合作，以确保长期的稳定和共同利益。

总有人轻易搭上利益的便车

搭便车是指一个博弈参与者在博弈中不付出任何成本与努力，或者付出的成本与努力非常少，却能够获得其他参与者努力所产生的利益。搭便车现象会导致其他博弈参与者的努力被浪费，因为他们的努力并没有得到应有的回报。

由于受益者的不对称，有人受益大，有人受益小，受益大的会选择付出，而受益小的则可以搭便车。搭便车现象的存在，会导致市场失灵和资源分配不均等问题，会导致公共资源的浪费和效率低下。

通常，搭便车现象出现在存在公共品或外部性的情况下。例如，一个人在自己的土地上种了一棵树，这棵树可以为附近的居民提供氧气和遮阳等好处，但是种植者并不能独享这些好处。

搭便车现象一定会造成严重的分配不均问题，因此造成"社会懈怠"（后续将作详细解读）。几乎任何公司的团队作业都很令人头疼，最难点不在于工作难度和合作方的不配合，而是团队中总会出现浑水摸鱼的人，别人努力做事，他们做做样子，别人承担责任，他们分得功劳。这种情况如果得不到解决，必将导致团队中优秀的、努力的成员产生怨气，最后恐怕也会学起那些摸鱼的人。人不患寡，而患不均，自己辛勤努力是需要得到认可和回报的，老好人、勤快人、热心人等这些名号只能是在认可与回报到位的基础上的附加品。

但是，很多企业和团队中，总是会出现搭便车的人，有时占比还不少。比如某公司做实际工作的员工数量不足，导致每个人的工作量很大，经常加班到半夜，而做职能工作的人却超编，人事部门工作量本就不大，居然分为三级领导，共计七个人，财务部门同样坐满了一个办公室。企业内部一定有职能部门（不创造价值的）和业务部门（创造价值的），但一定要设置合适的比例，尽量增加业务部门的员工占比，减少职能部门的员工占比。

无论是工作不努力的情况，还是企业职能设置不当导致人浮于事的情况，涉及的这些员工都不要让他们搭上利益的便车，优秀的员工创造的价值绝对不能分给搭便车的平庸员工，以防止优秀员工被不公平逼走，也就是"劣币驱逐良币"。

解决的办法则是优化分配机制，让优秀的人获得更多，让不作为的人获得更少；或是增加惩罚机制，让不作为的人失去更多。但这样的机制并不能总奏效，总有一些搭便车难题无法解决。

为了根治利益分配中的搭便车现象，需要采取如下三项措施。

（1）建立一些规则和制度，确保每个博弈参与者都愿意付出努力，来创造公共品或解决外部性问题。例如，采取税收制度或建立一些组织来管理公共品或解决外部性问题。

（2）采取激励措施，鼓励更多的人参与管理公共品或解决外部性问题的活动。例如，给予那些愿意参与这些活动的人一些奖励或优惠。

（3）建立严格的企业用人制度，从根源上杜绝搭便车的现象，更不允许有搭便车想法的人存在于企业中。例如，企业严禁裙带关系，一切人事任用只以综合能力为准。

总之，搭便车现象会导致市场失灵和资源分配不均等问题。这是必须要注意也必须解决的，为了解决这个问题，可以采取上述措施。但这些措施并非全部，企业还应根据实际经营情况制定并实施更符合企业需要的措施，来减少甚至是杜绝搭便车现象的发生。

公地悲剧也是你我的悲剧

1968 年，生物学家加勒特·哈丁在《科学》杂志上发表文章《公共策略》，提出了著名的论断：公共资源的自由使用，会毁灭所有的公共资源。

在人类社会中，经常出现一种现象，就是群体行动的悲剧。这种悲剧的本质并不是不幸，而是事物无情活动的严肃性，也是命运的必然性，只有通过人生中最真实的不幸遭遇才能说明。也就是说，群体悲剧不是群体的偶然性的不幸，而是一种必然性，这种悲剧每个人都能意识到，或许一开始没有意识到，但无论如何只要开始了，就无法摆脱。

哈丁在文章中设想了一个故事。

一个古老的牧民村庄，周围有一片公共草场，村民可以在草场上自由放牧。起初草场和牧民的生活一样，欣欣向荣，每家每户通过售卖牛犊和牛奶，都生活得不错。但是，村民总是希望自己家能拥有更多的奶牛，放牧的牛逐渐增多，最后草场承载不了，逐渐萎缩，奶牛因为不能得到足够的食物导致产奶量下降。牛奶产量下降直接影响到村庄每个家庭的收入，此时村民想的不是保护草场，而是觉得增加奶牛，就可以弥补减少的牛奶产量。于是，家家户户仍然在增加奶牛数量，导致草场承载终于崩溃，很快彻底消失了。没有了草场，奶牛生存受到严重威胁，饿到骨瘦如柴，甚至饿死，村民们不得已将所有奶牛都贱卖了。但未来该村庄要以什么作为经济来源呢？

这个村庄的未来不是我们关心的，我们要讨论的是这个村庄走向悲剧的过程。村民们想多养奶牛的想法是好的，因为按常理推断，多畜牧就会多收入。但村民们没有考虑到增加奶牛带来的草量不足的问题，而最终这个问题导致的损失也分摊到了所有牧民家庭。

这就是公共资源悲剧的问题，该问题是经济学中的经典问题，也是博弈论教科书中必讲的内容。资源只要是大家共有的，被滥用就在所难免，因为人性总是希望自己能多贪多占。在共享公有事物的社会中，每个人都追求各自的最大利益，就是悲剧所在。

关于这一点，古希腊时期的哲学家亚里士多德早就已经发现了，他说："凡是属于最多数人的公共事物，常常是最少受人照顾的事物，人们关怀着自己的所有，而忽视公共的事物。对于公共的一切，他至多只留心到其中对他个人多少有些相关的事物。"

为什么现在各国政府都如此呼吁要保护地球，尤其是对工业污染、过度捕捞、不可再生资源的消耗、人口爆炸和核战争危机等严防？因为地球是公共的，地球上有几十亿人，如果大家都只顾自身利益，而忽视地球，这个人类赖以生存的家园很快就会被毁掉。正因如此，哈丁的结论是，世界各地的人民必须意识到，有必要限制个人做出利己选择的自由，接受某种"一直赞成的共同约束"。

现在越来越多的人都具备了防止公地悲剧的意识，但多数限制于未发生与自身利益相关的博弈中，一旦与自身利益产生关系，人们防止公地悲剧的意识就将薄弱。因此，防止公地悲剧的核心策略必须建立在制度上，以权力机构（无论公共权力还是私人权利）约束人们对公共资源的破坏。也必须约束博弈参与者群体中的每个人，制定清晰的规则，明确规定允许和禁止的范围。还必须制定各方面都了解的惩罚机制，对违反规则的行为进行严厉处罚。

即便防范措施愈发严谨，但困境永远不会彻底消失，即使在最佳的运作机制中，仍然无法将对公共资源破坏得利的诱惑降低为零。因此，不要想着如何让人们去克服造成公地悲剧的行为，有效的管理制度才是最有用的。

| 第 03 章 |

◆

博弈策略

打开思维格局，提升获胜概率

博弈策略是指在博弈中，参与者为了实现自己的目标而采取的一系列行动和决策的方案。在博弈论中，一个有效的博弈策略应该能够使参与者在不同情况下做出最优的决策，并且考虑到其他参与者的可能反应。要提升博弈获胜概率，需要打开思维格局，制定有效的博弈策略。

奇正相生：既有对抗又有合作

"凡战者，以正合，以奇胜。"这是《孙子兵法》中的核心战术思想，同时也深刻体现了《孙子兵法》的辩证思维。

奇正的变化是无穷无尽的，"正"是给敌人看到的表象或者假象，"奇"才是真正的实力和意图。这就是"以正合，以奇胜"的辩证关系，两者缺一不可。奇正相生既可用于不拘泥于固定法则的战争，也可用于随情况变化而变幻莫测的博弈。从博弈论而言，奇正相生就是既有对抗又有合作的非零和博弈。零和博弈的参与者是完全对抗的，博弈结局必然是一方有所得，另一方有所失；非零和博弈的参与者的目标并不完全对抗，博弈结局多是为了共同利益而与对手合作共赢。

一只狐狸蹀步来到井边，误将井底月亮的影子当作了奶酪，便跨进吊桶下到了井底，与之相连的另一只吊桶则升到了井面。此时狐狸才发现奶酪只是月亮的虚影，再想上去却不可能了。被困井底两天后，狐狸近乎绝望了，一匹狼来到井边。这匹狼与这只狐狸是这片苔原地仅有的两只食肉动物，相互合作才能捕获更大的猎物，若是只身狩猎则只能捕获小型猎物，很容易饿肚子。但狼与狐狸毕竟不是同物种，彼此间既合作，也相互提防。

可以说，狼和狐狸既是对手也是伙伴。如果狼知道狐狸深陷绝地，狼的心思就会活动起来，它认为自己比狐狸强壮，如果狐狸死了，则这片苔原地就是自己的了。狐狸面临这种情况，它很快想到狼会有独占领地的想法，因此不能表现出自己陷入死地，让狼认为有机可乘，于是昂头对狼说："老兄，你想不想吃奶酪，这里有两块，我已经吃了一大块，你要不想要，我把这块也吃了。"狼这两天没有狐狸的配合，只逮到了两只兔子，没能吃饱，听到井底有奶酪，高兴得不得了，当然不能让狐狸独吞，就坐进另一只吊桶来到井底。在狼缓缓下降的同时，狐狸缓缓上升，当狼知道自己受骗后，已经无法阻止吊桶下坠了，就这样狐狸来到了井口一跃而出，而狼则被困井底。

此时，狐狸也有了独占苔原地的想法，但它很快明白，自己身弱力小，难以在这片荒凉的苔原地上生存，还需要狼的配合，可如果自己坐进吊桶里去救狼，就又变成自己被困了，狼不可能再上一次当。

在这种保住"伙伴"和陷没自己的对立选择之下，做出的只能是零和博弈，要么狐狸死于井底，要么狼死于井底。这种博弈对于狐狸和狼都不是最好的结果，因为活着的一方在苔原地上也会生存艰难。此时，必须达成一种非零和博弈，且必须是正和博弈，狐狸既要保住自己，又不能置狼于不顾。在哄骗狼坐入吊桶时，狐狸已经进行了一次奇正并用的策略，将自己的处境变为诱饵。在如何救狼这件事上，狐狸该如何再次奇正并用，挽救困境呢？这就需要打开思维格局，让博弈局面更加开阔。

最正确的做法是建立一个"第三方"，将狐狸与狼的两方博弈变成三方博弈。这个案例中的"第三方"就是石头，狐狸搬来一块块石头放入吊桶中，吊桶逐渐下沉，狼缓缓上升。这种方式就让最原始的博弈参与者都获得了利益，形成了正和博弈。

这种奇正相生的正和博弈思维可以用到生活的方方面面中，用来解决很多看似无法调和的矛盾。在零和的与负和的问题中，转换视角，从更广阔的角度看问题，会发现原来不必要一定牺牲某方利益，也可获得共赢的局面。

深浅博约：别让深刻的东西渐趋流俗

有人说，这世界上的人可简单地分为两类，用一个简单的实验就可以区分。假设世界正处于大饥荒中，给每个人同样一碗小麦，一种人会留下一部分用于播种，另一种人则会不管不顾地全部吃掉。

不可否认，每个人都希望自己获得成功，通往成功的路上遍布竞争者，最后只有极少数人能突出重围。很多人败给了急功近利，而成功者都源自厚积薄发。不是批评那些失败者，因为急功近利是人类的劣根性，在鲜花与掌声的包围中，刚生成的一点深刻的东西就会被世俗同化。尤其是在市场经济的冲击下，人们更多的精力都用于追名逐利，急功近利更成为价值观中的主旋律之一，更有一些人幻想着不劳而获或是一夜暴富，却忽视了每个人都很难赚到自己认知以外的钱，哪怕侥幸获得，也会因为实力与角色的不匹配而再次失去。

横扫欧洲的拿破仑·波拿巴在年少时，并不是多么出众的孩子，更确切地说是属于资质较笨的孩子，学习成绩一塌糊涂。不仅如此，性格任性、野蛮的拿破仑还特别愿意欺负比自己高大的孩子，别看他身形瘦小、体态羸弱，却常让大孩子们不寒而栗，外人称他为"小恶棍"，家里人则称他为"蠢材"。就是这样一个遭受所有人白眼的人，却从未磨灭心中的信念之火，他从不断的与其他小朋友的冲突中发现了自己的与众不同，但彼时的拿破仑并不知道这代表着什么，他只是有一种狂妄的想法：凡是自己想要的东西，就一定要夺过来。这一点在他后来的自传中也得到了印证，他这样写道："我是一个固执、鲁莽、不认输、谁都管不了的孩子。我使家里所有的人感到恐惧，其中受害最大的是我的哥哥，我打他、骂他，在他未清醒过来时，我又像狼一样疯狂地向他扑去。"

随着拿破仑一天天长大，他逐渐理智和成熟起来，但对自己的与众不同依然执着地挖掘着。他经常沉溺于同龄人所无法想象的冥思苦想中，疯狂地迷恋着各种复杂的计算，学会了用冷静而彻底计算过的理智去控制自己的情绪和行动。终于他能够真正认识自己了，他拥有无出其右的思考力、富于抗争的精神，判断精确，行动果敢，一种崭新的渴望点燃了他的生命之火，他明白无误地告诉自己："我具有出色的军事素养，我想要得到的，也唯一值得得到的，就是权力。"

虽然我们用拿破仑的例子看起来不具有代表性，毕竟这样的人物百年难遇。我们以拿破仑为例，不是希望大家都去学习拿破仑做人处世的风格，因为他的很多做法并不符合常规认知。但是，拿破仑清醒的自我意识这一点是正确的，这个世界上有太多太多人在一点也没能认识自己的情况下，就将自己舍身于世俗了。

生活就是不断博弈的历程，而博弈如同参与者对弈的棋局。了解自己的过程是一场博弈，需要不断与世俗对自己的衡量对抗；坚持自己的过程也是一场博弈，必须拿出自己的勇气和最佳策略，才能真正做自己。因此，我们不能将自己局限于固定的框架之内，用别人设下的条件压制自己。勇敢地参与到生活的博弈场中，面对各种不利局面时，打开自己的思维和格局，将自己拉出俗世的陷阱，将自己宝贵的可以成就自己的东西挖掘出来、发挥出去，通过厚积薄发惊艳世人。

强弱翻转：将自己的弱点作为突破对方的强点

在博弈过程中，我们都要注意发现和利用对手的弱点，然后以己之长克彼之短，取得博弈的胜利。这是常规思维，也是博弈中很常见的方式。这种方式能够成功的一个重要前提是，对手对自己的弱点并不清楚或者认识不足，不认为自己有可以被突破的弱点或者不认为自己的弱点能够被对手利用。但任何事情都不是一成不变的，对手的弱势也未必每一次都能成功被利用，有些对手很清楚自己的弱点，并且懂得利用自己的弱点设计陷阱，成功实现局势突破或逆转。

《三国演义》第七十回——猛张飞智取瓦口隘，老黄忠计夺天荡山，就是张飞利用自己的弱点给曹军大将张郃上演了一出假醉酒的好戏。张飞酒瘾很大，且逢酒必饮，饮酒必醉，还因此闯下过大祸。刘备的第一个据点徐州，就是因为张飞酒后鞭打曹豹，引得曹豹叛变，和吕布里应外合丢掉了。

这一次张郃率军进攻巴西，张飞设下埋伏，大败张郃，一口气将魏军赶到了宕渠山。张郃下令利用山形地势坚守，多准备灰瓶炮子滚木礌石，蜀军几次进攻不得。张飞气得率军在阵前大骂，但张郃就是坚守不出。双方僵持了 50 多天，张飞就每天喝得大醉，带着士兵前来骂阵。张郃看在眼里，认为张飞挑战不成，肯定暴躁嗜酒的老毛病又犯了，如此醉醺醺的岂能带兵打仗。此时的魏军已经补充了援军，总兵力不比蜀军少，且凭险据守，占据优势。张郃想击败张飞，但鉴于张飞的勇猛，他希望能一击而胜，挽回自己的名誉。

丞相诸葛亮听说后，明白这是张飞的计策，便派人给张飞军中送来 50 瓮美酒，这下不仅张飞喝酒，士卒也开始喝酒。看到蜀军上下都如同醉鬼一般，张郃下令全军出击。张飞看到魏军终于出窝了，立即整军备战。张郃的士兵到了眼前才发现，蜀军一个个生龙活虎并无醉意，就在纳闷之间纷纷做了刀下之鬼。张郃再想撤军已然来不及了，只能率残兵逃走，张飞率军占领瓦口隘。

一个人的特点及习惯，很容易让对方形成固定的思维方式。且这种固定思维一旦形成，除非有重大事件的发生，通常很难扭转。这就是为什么人的第一印象总是很难消除。诸葛亮一生不曾弄险，所以空城计才能骗住司马懿（不论这件事是否是《三国演义》的杜撰，但这种违背以往行事风格的做法，在现实中亦很有欺骗性）。

在博弈中，参与者不仅要尽量了解对方的弱点和优势，也要了解自己的弱点和优势，如果不能利用对方的弱点，可以转换思维，利用自己的弱点。这就是策略欺骗，以虚击实，以静制动，以守为攻，以弱胜强，"先为不可胜，以待敌之可胜"。主动暴露自己的弱点，是为了迷惑对手，等对手松懈，主动打破平衡状态。只要对手平衡被打破了，对手构筑起来的防御工事便会有机可乘，逐渐改变博弈的格局，直至获得博弈的胜利。

优劣逆取：在优势可预见的情况下逆转局势

博弈讲究优势与劣势，往往占据优势的一方更能占据博弈主动权，而劣势的一方只能被动博弈。占据优势方取得博弈胜利的概率更大，但并非一定能取胜，因为有一种优劣逆转的情况，可以让劣势方在对方优势明显的情况下逆转局势。

一位犹太商人将儿子送到距离家乡遥远的一位智者那里学习，转眼三年过去了，就在儿子学期将满之际，却传来噩耗，父亲因为一场意外去世了。因为母亲早逝，自己又没有兄弟姐妹，父亲的突然去世，让他有些不知所措。来向他报丧的人是家中的管家，他一路风餐露宿，用最快的速度赶到。但管家做这一切，并非因为他忠诚，而是因为商人生前的遗嘱，上面写着：家中所有的财产都留给这位管家，不过如果儿子希望得到财产中的某一样时，管家必须转让给儿子。

看到这个遗嘱，儿子更觉得头晕目眩了，他第一时间想到的是父亲是否被管家要挟了或者这是管家伪造的遗嘱。但他的老师却认为，这份遗嘱足可看出父亲对儿子深沉的爱，他告诉学生说："这是你父亲为你设置的最好的财产保全方法。因为你父亲是突然去世的，没有时间让你回去了，如果管家趁机将家产卷走，你不仅得不到，恐怕还对家庭的变故一无所知呢！你父亲把全部财产都留给了管家，管家一定非常高兴，不仅会给你报丧，还会将财产守护好，因为他期望合法继承这些财产。但你父亲让你选一样家产，你选这位管家就可以了，管家属于你，管家的家产也属于你。"儿子终于明白了，他选了管家，得到了全部家产。

这个案例中，父亲因为意外遭难，导致与管家的博弈陷入明显弱势，但他却埋下了一个可以使博弈优势即刻转换的"机关"。这个博弈结果对于管家是绝对失败，因为他完全处于儿子的要挟之下，因为"机关"启动，优势瞬间变为劣势。如果他在进行博弈时，能够预见自己的优势在什么情况下会被彻底翻转，那么他根本不可能继续博弈，而是直接卷走财产。

由此可见，在博弈中，优势绝非一成不变，劣势也并非无法弥补，就看能否发现可以让优劣翻转的关键问题。

优劣逆取策略的核心就是利用对手的弱点或疏忽，巧妙决策和行动，将原本的劣势转化为优势。应用该策略前必须深入了解对手的弱点、疏忽和策略，找到对手的破绽，从而制定出有效的策略。策略要求必须具有创新性和出其不意的特点，以打乱对手的阵脚，取得胜利。一旦制定了策略和行动方案，就需要迅速行动，抓住对手的破绽，将劣势转化为优势。如果犹豫不决或行动迟缓，就可能错失良机。此外，在实施的过程中，还必须保持冷静和专注，不被情绪左右，才能将这个高风险、高回报的策略完美执行。

善恶同济：帕累托效率最优是公平与效率的"理想王国"

在一个虚拟社会里，只有一个富翁和一个快饿死的乞丐，其他人都是不穷也不富。假设这个富翁只需拿出自己财富的万分之一，不仅能使乞丐免于饿死，还能将其拉入普通阶层。这样的假设看起来很不错，富翁不需要付出多少就做了一件"救人一命胜造七级浮屠"的善事。但关键在于这位富翁愿不愿意进行这种无偿的财富转移，因为乞丐没有任何可以用于回报富翁的资源或服务。这种资源分配并不使任何人的境况变坏，却能使某些人的处境变好的状态，就是帕累托效率最优。如果一种状态尚未达到帕累托效率最优，就一定不是最理想的，还存在改进的余地。

春秋时期，鲁国的一条法律规定：凡是鲁国人到其他国家去，发现自己的同胞沦为奴隶，可以花钱赎回，归国后去国库报销赎人花费。孔子的徒弟子贡有一次也赎回来一个同胞，但他觉得做人需仁义，赎回自己的同胞还要国家掏钱，就是违背了老师的教诲。

孔子听说此事后，面有愠色地对子贡说："你不去报销赎人的花费是为了彰显仁义道德，别人知道你是自己掏钱赎人，会赞扬你，但你知道这样做会带来怎样不好的影响吗？今后再有人在别的国家看到鲁国的奴隶，他可能会犹豫是赎还是不赎？若是赎，回国后是否应该去报销？如果报销，自己会被讥笑为道德不好；若是不报销，自己就遭受了经济损失。这样的顾虑会让本来打算解救自己同胞的人袖手不管，那么那些在其他国家沦为奴隶的鲁国人岂不是因为你的高尚道德而遭殃了！"

子贡听后，赶紧表示自己错了，自己理解的仁义太过狭窄了，也太自我了。随后就去国库报销了赎人的花费。

从博弈论的角度看，做好事得到回报，才是帕累托效率最优，对行善者和社会大众而言是最好的选择。

帕累托效率最优有一个准则：经济的效率体现于配置社会资源，以及改善人们的境况，特别要看资源是否已经被充分利用。如果资源已经被充分利用，想改善我，就会伤害你，想改善你，就会伤害我，也就是想要再改善任何人都必须损害别人，此时就是实现了帕累托效率最优。相反，如果能在不损害别人的情况下改善任何一人，说明资源未被充分利用，并未达到帕累托效率最优。

子贡赎人后不去报销，等于用损害别人利益的方式，提升了自己的名声。而别人也会因为赎人后要么会遭受经济损失，要么会遭遇名誉损失的状态，而不再从外国赎人。因此，子贡的做法等于破坏了帕累托效率最优。

帕累托效率最优是博弈论中的重要概念，如果想要达到博弈后的利益分配更加公平和更具有效率，则帕累托最优是评价利益分配非常重要的指标。

竞合反覆：双方产生隐性合作

博弈思维教会了我们合作与竞争的平衡。这种平衡感在人际关系和团队协作中同样至关重要。博弈思维让我们明白，竞争和合作并非对立的关系，而是相辅相成和随时可能反覆的。通过博弈思维，我们能够更好地与他人协同合作，共同实现更大的目标。

将时间倒拨回 2000 年，彼时还没有智能手机，人们最快捷方便的通信方式是拨打手机，因此电话卡是通信领域的主阵地。在 V 市，移动和联通的号码市场占比是 3∶1，因为联通的市场占有率低，其价格制定采用跟随策略，始终保持比移动便宜一点点。如果移动降价，联通也跟着降价。

某市的电子文化商城是城市电话卡销售的中心，因为距离移动公司比较近，再加上移动的号段多，便强令该商场所有销售卡号的店铺只卖移动的电话卡。如此一来，联通在当地市场的占有率迅速下降，移动和联通的号码市场占有比变为 5∶1。

联通本就经营艰难，移动这样的霸道让其感觉生存受到威胁，负责人没办法拿出了破釜沉舟的对策。宣布联通的电话卡价格下降 0.1 元，移动迅速做出对策，也下降 0.1 元，联通早有准备，放出大招，对外称只要移动继续降价，那么联通的电话卡价格将永远比移动便宜。面对联通的决绝，移动不能继续跟随了，因为虽然两家都在亏损，但移动的盘子大，联通亏损 1，移动就得亏损 5，如果将利益放长至按年算，这种亏损移动承受不起。

为了安抚恼火的联通，移动主动提出和谈。其实，联通也是硬着头皮降价，只是降得更有决心，毕竟不这样做，在当地的市场最后可能都会被移动占领，到时候就什么都没有了。与其被对手拿下，不如主动出击博条生路。联通的策略成功了，移动"举白旗"了。但联通也不可能吃掉移动，和解的方式就是合作。只是这种合作不被外界所知，而是隐性合作。双方的电话卡市场占有比例恢复到原有的 3∶1，价格还是联通稍便宜一点，并且约定了将来的电话卡市场份额的划分。

一番血雨腥风之后，竞争对手成为合作队友，充分体现了"没有永远的敌人，只有永远的利益"。因此，竞合反覆是一个复杂的概念，涉及双方之间的竞争和合作。在竞合反覆的情况下，双方可能会产生隐性合作。双方虽然存在竞争关系，但也会通过常规方式进行互动和支持，以达到共同的目的和利益。

隐性合作是隐秘的，不易被外界察觉。双方会意识到彼此的优势和劣势，并开始思考如何通过合作来弥补这些不足，并通过竞争获取自己的利益。

竞合反覆也可能带来一些风险和挑战。双方需要谨慎地处理竞争和合作的关系，以确保这种隐性合作不会对双方的关系产生负面影响。他们需要保持开放和诚实的沟通，以确保合作是基于共同的目标和利益。

第 04 章

博弈规则

用规则反制规则

　　博弈规则对于博弈的结果和参与者之间的互动具有重要影响，有时甚至可以改变博弈的均衡结果。要制定有效的博弈规则，需要深入分析博弈场景和参与者的行为模式，并考虑各种可能的影响因素。

分粥博弈：好制度是寻找纳什均衡的过程

制度本质上是一种契约，必须建立在博弈参与者广泛共识的基础之上，共同制定的契约才更能增强大家遵守制度的自觉性。但在现实中，许多制度形同虚设，不仅执行困难，维护制度的存在都很不容易。主要原因就是在制度制定的过程中，成员的意见和利益考量没有得到充分尊重，只是依靠管理者的理性而定，但当权力不受约束时，理性就不再是博弈过程中的基础，反而导致非理性状况频发，制度的设置没有形成共识，自然也就无法得到有效的执行和维护。

关于什么是好的制度、什么是不好的制度，我们来看看著名的分粥博弈。

某工厂有 7 名工人，午餐由工厂提供，因此每天中午都会得到一桶米粥和七份菜，菜是分好的，粥则需要他们自己分。没有称量用具和刻度容器辅助分粥，7 个人的职级也相同，该如何分粥成了一个问题。7 人反复协商，尝试了多种方法，闹了很多矛盾，才终于找到分粥的好方法。

方法（1）让资历最老的人主持分粥——一开始，这个人还能够公平分配，但逐渐地，与他关系亲密的和喜欢拍他马屁的三个人会得到更多的粥，另外三个人的粥量越来越少。矛盾逐渐升级，此人的分粥资格被剥夺。

方法（2）每人一天轮流分粥——结果每个人都趁着自己主持分粥的一天，给自己多分粥。虽然这种借"主持分粥"给自己多分粥的权力是平等的，但每星期只有一天能吃饱的情况，导致每个人都对这种方式不满。矛盾很快爆发，这种分粥方式被终结。

方法（3）投票决定谁来分粥——这种方法原本是寄希望于用"投票权"来限制"分粥权"的滥用，但被投出的分粥者却并未做到公平分粥，因为每个被选出的分粥者心里都明白，自己迟早会被选下去，索性就趁着掌握分粥权的机会给自己多分一些。于是矛盾又爆发了，在罢免了第三位分粥者时就被叫停了。

方法（4）由"分粥委员会"和"监督委员会"共同行使分粥权——这种方法是希望形成监督和制约机制，以保障每个人都能被平等对待。但刚一执行就遭遇重大挫折，因为"监督委员会"怕自己的利益受损，便不断提出各种建议来约束"分粥委员会"，而"分粥委员会"为了维护自己的利益，不会轻易妥协，两方纠缠不下，过了午饭时间还没能达成协议，谁也没吃上午饭。因此，这种方式刚一实施即宣告流产。

方法（5）分粥者最后一个领粥——这个方式没有规定究竟怎样分粥，却增设了领粥顺序，也就是说，谁都可以主持分粥，但分粥者必须最后一个领粥。该方式约束分粥者必须尽量做到公平，因为他是最后一个领粥的，不公平的结构就是自己受害。这个方法的实施效果非常好，分粥既迅速又公平。

由分粥最终形成的制度中可以看出，单纯想要靠制度实现公平是不可能的，但一个良好的制度却为利己与利他间的公平创造了条件。良好制度的形成是一个寻找整体目标与个人目标的"纳什均衡"的过程，在分粥权中加入领粥顺序的规则，就是人们意识到了个人利益不是博弈的唯一主角，集体利益也是不容忽视的，必须做到个人利益与集体利益兼顾，这样的制度才能说是好的。好的制度因为产生了足够的约束力和规范力，因此能够保障组织的正常运行。

将分粥博弈延伸到社会体系中，制度的设计更是一场复杂的博弈，各方为了争夺资源和权力展开"分粥"之争。好的制度并非简单的一方胜出，而是需要找到一种纳什均衡，使得各方在共同遵循规则的情况下都能最大化自身利益。而且各利益相关者在追求最大化自身利益的同时，还须在制度框架内达成平衡，以确保整体的稳定和可持续性。

你切我选，公平分配

人类是群居生物，即便在原始社会，族群内部也必然有一种秩序，可以保证族群能在共同遵守的情况下，良性运转下去。为什么一定要强调良性运转？因为良性是为了保护群体的利益，而不是为了某个人或某个集团的利益，也不是秩序的制定者与监督者的利益。

随着人类社会的逐渐成熟，秩序也在逐渐成熟，且秩序一经确立便被所有人无条件地遵守。制度便是在这种遵守中产生的，有效贯彻下去的唯一标准就是考虑到每个人的利益。

在古罗马的军队中，士兵每天定量得到一块面包，但军队为了简化分配环节，规定每小队（百人队下的临时编制）士兵得到一块大面包，领回去后由每小队自行分配。自然切面包和分面包的任务就落在了小队长（百夫长下的非正规军阶）身上，有不少小队长借此给自己分大块，或者按照亲属关系来分配面包的大小，因为分配不公造成军队基层矛盾重重，不断发生内讧。

这种情况引起了军队高层的重视，他们发现正是这种"独裁"式的分配制度，才导致士兵为了争夺食物而械斗。经过反复商讨，并听取了一些中下级军官千夫长和百夫长的意见后，面包分配制度修改为以下五项。

（1）面包仍整块下发至百人队下的小队。

（2）每小队分为若干个两人组或三人组（小队长也参与分组），先由小队长将面包按照本小队两人组或三人组的数量分成若干份，但小队长所在两人组或三人组最后选择。

（3）由两人组或三人组中的某一个人分配面包，但仍是分配者最后选择。

（4）若小队人数是质数，则本小队的某一人加入其他质数小队中或其他质数小队的某一人加入本小队中，形成两人组或三人组。

（5）每一次分面包时，小队中的两人组或三人组的人员组成不可固定，两人组或三人组的面包分配者亦不可固定。

可以设想，在这种规则下，虽然面包分配由一次变成两次，好像过程更烦琐了，但因为能够确保公平，士兵没有争议，整个分配流程也更快了。

制度的作用是保证公平公正，但实现这一点必须做到约束人的行为，并为此制定出各种规矩，以达到相互制衡的状态。在"你切我选"的博弈中，制度应该规定如何切蛋糕、如何选蛋糕等具体操作，包括规则的制定、执行和监督三个环节。规则的制定要考虑到所有参与者的利益和诉求，保证规则的公平性和公正性；要严格遵守规则，防止出现违规行为；要及时发现和纠正违规行为，保证规则的有效性。

一个公平的制度可以为博弈的参与者提供一个公平的竞争环境，让他们有机会公平地分配资源，从而实现利益的最大化。

一个好的制度并不是要改变人性中的利己本性，而是要引导这种利己心理做出有利于他人、集体或社会的行为。

总之，当博弈的各方参与者按照一定的规则，为了争夺有限资源或最大化自身利益而采取行动时，他们所做出的决策和行动都会对整个博弈的结果产生影响。而制度公平则是在博弈中保证每个参与者都有平等的机会和权利，按照一定的规则进行决策和行动，以实现资源的公平分配和社会的公正。

有效的制度都伴随着牺牲的疼痛

违反客观规律的制度，事倍功半；尊重客观规律的制度，事半功倍。进行制度设计，就是要以科学的态度，按客观规律让制度成为一种因势利导的有效激励机制。在任何情况下，制度都不能"只制别人"而"不制自己"，若不能跳出这个怪圈，制度就会沦为划分阶层的不对称却不可逾越的界限。

1999 年，已经连续 26 年下滑、背负着 2 兆 5000 亿日元巨额债务的日产，没有心情迎接千禧年的到来，再不想办法，这家六十余年的企业就要寿终正寝了。最终与法国雷诺以 54 亿美元的价格达成协议，雷诺收购日产 36.8% 的股权，雷诺二把手卡洛斯·戈恩主政日产。

这家闻名世界的车企会走到近乎绝境的地步，症结就在于"年功序列"制度。虽然不是正规制度，但早已约定俗成，日产这个大金字塔有着严密的组织机构、办事流程和复杂的决策程序，上下级必须严格服从。上级的决定，下级不可挑战，即便是错，也要错到底。上级的职位，下级也不可窥视，即便能力再强，也要论资排辈。戈恩时年 46 岁，在日产相当于课长的年龄，后来日产内部留下来的一些中层管理者承认，如果戈恩不是从雷诺空降而来的外国人，以他这个年龄是不可能服众的。

戈恩也明白日产的症结，他知道这家企业的组织已经坏死了，必须将腐败处全部割除，这样做一定会让人感到痛苦，但已经别无选择。戈恩从"年功序列"制度开刀，在上任后不久就将认为能干的课长连升三级。释放出了"以能力论"的信号，让年轻员工受到了鼓舞，愿意努力，以打通自己的上升通道，逐渐地，"能力主义"取代了"年龄至上"。

戈恩上任后七个月，复兴计划全盘发表，包括在三年内裁员 2.1 万人、关闭五家工厂、卖掉非汽车制造部门、将 1.3 万多家零部件和原材料供应商压缩为 600 家等一系列强力手段。毫无疑问这样的改革力度令人震惊，事实证明正是这种伴随着疼痛的做法，让日产迅速恢复了活力，改革的第二年盈利就突破了历史纪录，达到了 27 亿美元。

日产陷入论资排辈的泥潭中难以自拔，就是因为制定制度和维护制度的人成了制度的最大受益者，他们是企业高层，论资排辈有助于他们

"只制别人"。那些有能力帮助企业做得更好的员工，因为无法掌握制度的话语权而没有发挥能力的机会，也只能沦为"熬岁月"的牺牲品。

通过对日产从衰落到崛起的分析，可以看出有效的制度对企业管理运营的重要意义。每一次的策略选择，都必然导致一部分人的利益受损，这种牺牲的疼痛正是制度变迁所必须付出的代价。

为了缓解这种牺牲的疼痛，制度设计需要在博弈中找到一个平衡点。这个平衡点既要满足大部分人的利益诉求，又要尽可能地减少对少数人的伤害。这就需要制度公平的核心原则来指导。制度公平意味着每个参与者都有公平的机会和权利来表达自己的诉求，同时决策过程应尽可能地公开和透明。

总之，有效的制度不是一蹴而就的，往往伴随着一系列的博弈和调整。在这个过程中，牺牲的疼痛不可避免。但只要坚持公平和公正的原则，努力寻找平衡点，就能最大限度地减少这种疼痛，实现社会的和谐与进步。

阿罗悖论：最不坏的就是最好的

阿罗悖论是对著名的"投票悖论"的经济学归纳。"投票悖论"是法国思想家孔多塞·康德尔塞在 18 世纪提出的，反映多数规则的一个根本缺陷，即在实际决策中往往导致循环投票。

博弈论的发展，使利用经济学方法研究政治决策成为可能，于是出现了公共选择理论体系（相对于私人选择而言）。为什么个体的决策优势会导致违背集体公众意愿的结果呢？阿罗悖论同样深刻地揭示了选择中的困境和矛盾。该悖论的核心思想是：在多个选择中，如果每个选择都是相对最优的，那么我们应该如何做出选择？

这个问题似乎有些抽象，但实际上它涉及我们日常生活中的很多决策。比如，在购买商品时，我们可能会面临多个品牌和型号的选择。每个品牌和型号都有其优点和缺点，那么我们应该如何做出决策呢？

下面通过一个案例来深入探讨这个问题。

假设有甲、乙、丙三个人，需要选择一个游戏共同娱乐，以增进彼此间的交流。他们面前有三个游戏：游戏 A、游戏 B 和游戏 C，每个游戏都有独特的优点和缺点。

游戏 A 的优点是：简单易懂，适合新手；缺点是：内容单一，缺乏深度。

游戏 B 的优点是：内容丰富，玩法多样；缺点是：难度较大，需要较高的技巧。

游戏 C 的优点是：画面精美，音效出色；缺点是：内容平淡，缺乏吸引力。

甲、乙、丙三人根据自己的喜好和需求进行了一番分析，各自对三个游戏的喜爱程度为：甲（游戏 B>游戏 A>游戏 C），乙（游戏 C>游戏 B>游戏 A），丙（游戏 A>游戏 C>游戏 B）。他们发现，三个人的选择中，竟然没有任何契合点，三个人最喜欢的游戏和最不喜欢的游戏都是对立的。如果每个人都能单独玩游戏，那么每个人都会选择最适合自己的游戏。但是，现在要求三个人必须一起选择一个游戏，他们就陷入了困境。

从三个人喜好的角度看：

如果按照甲的喜好选择，就是玩游戏 B，则乙可以接受，但丙不能接受。

如果按照乙的喜好选择，就是玩游戏 C，则丙可以接受，但甲不能接受。

如果按照丙的喜好选择，就是玩游戏 A，则甲可以接受，但乙不能接受。

从游戏优劣的角度看：

如果按照游戏 A 的优点选择，虽然玩游戏不用费脑筋，却失去了玩游戏的乐趣。

如果按照游戏 B 的优点选择，虽然游戏的内容丰富，但要面临较高的游戏难度。

如果按照游戏 C 的优点选择，虽然可以享受游戏的观感，但游戏的内容平淡无奇。

无论是从三人喜好还是游戏优劣角度进行分析，这次博弈都将陷入死局，参与者甲、乙、丙之间毫无共同点，游戏 A、B、C 也没有互通性。他们必须考虑其他人的意见和需求，使得选择变得更加复杂和困难。

在多个选择中，如果每个选择都只是相对最优，应该如何做出选择呢？虽然是博弈死局，但解开死局的钥匙也在博弈思维上，即最不坏的就是最好的。从三个人的角度分析，相互之间最喜欢的都是其他人最不喜欢的，而相互之间最不喜欢的都是其他人最喜欢的，因此无法形成"最不坏"的选择。只能从游戏优劣的角度入手，玩游戏一方面是为了放松，另一方面是为了提升乐趣，这一点在三人中是可以形成共识的，因为三人玩游戏的目的是"增进彼此间的交流"，如果游戏简单、内容单一且平淡，则达不到"增进交流"的目的。从这一点上看，游戏 A 和游戏 C 都不符合标准，只能选择游戏 B。虽然从个人喜好上来看，丙最不喜欢游戏 B，但他也知道游戏的目的是"增进交流"，因此他最终也会同意选择游戏 B。

对以上案例的详细说明可以看出，在进行博弈选择时，制定规则是重要的，但选择的实际情况同样不能忽视。如果出现博弈僵局的情况，就可以在规则允许的范围内进行"最不坏"的选择分析。其实，在博弈的多数时候，都无法选出最好的，只能选择各方都易接受的最不坏的那个。

因此，阿罗悖论提醒我们，在做出决策时需要充分考虑各种因素，包括自己的需求、他人的意见，以及各种可能的结果和影响，唯有如此才能做出更加明智和合理的决策。

与关键加入者结成赢家联盟

在常规情况下，人们往往并不能清楚地认识到自己的实际贡献，因而也无法准确地知道自己应该得到多少利益。这里所说的贡献也可以体现为对收益分配的影响力。

甲、乙、丙三人准备瓜分 300 万元资产，甲拥有 50% 的投票权，乙拥有 40% 的投票权，丙拥有 10% 的投票权。规定只有一个方案获得超过 50% 的赞成票时，才能按该方案分配这 300 万元，如果方案无法产生，则 200 万元不做分配。

因为任何一个参与者单独拥有的投票权都不超过 50%，不能单独通过某项方案，必须与另一人形成联盟，才能达到 50% 以上的赞成票，这就形成了联盟博弈。在这个博弈中，三名参与者都具有一定的影响力，任何两个人形成联盟都会让过半数决成立。

最简单的资产分配方案就是按照投票权比例，甲、乙、丙分别占有资产的 50%、40%、10%。但假设丙并不满足于自己只分到 10% 的资产，他想要多分一些，可以提出 "甲占 70%，乙占 0%，丙占 30%" 的方案。无论对于甲或丙，这都是一个比按投票权占比分配更有利的方案，尽管乙一定会反对，但甲和丙的投票权相加为 60%，达到过半数规定，方案成立。乙当然不会就范，也会提出自己的方案，即 "甲占 80%，乙占 20%，丙占 0%"，虽然这个方案对乙而言，比按照投票权占比自己分配所得减少了，但对比丙所提方案自己的分配所得增加了，而甲的分配所得对比丙所提方案的分配所得又增加了，因此甲和乙都会同意，二人投票权相加为 90%，达到过半数规定，方案成立。然而，丙会继续提出自己的方案……理论上说，这个过程要么无休止地进行下去，要么以乙或丙任何一方提出以甲全部占据资产为终结。

在联盟博弈的过程中，必然会形成联盟，如本案例的甲乙联盟或甲丙联盟。但问题在于，哪一个联盟最终能够得出一个怎样的分配方案，则该联盟即为赢家联盟。

要想联盟获胜，就必须明确知道联盟参与者的先天实力，即参与者在各种可能结盟情况下的影响力。本案例就无法形成乙丙联盟，因为乙丙的投票权相加之和只有 50%，他俩都同意也达不到过半数的规定。所以，在这个联盟博弈中，甲是最具有先天实力的一方，也是对各种可能结盟都会产生影响力的。

找到了最有影响力的参与者后，还要找到联盟的关键加入者。所谓关键加入者，是轮到 TA 投票时，只要 TA 同意，所提方案就能通过。也就是说，当关键加入者加入某一联盟后，则该联盟即可成为赢家联盟。本案例中，乙和丙都是关键加入者，如果根据联盟次序，先由甲提出方案，只要乙同意，就能形成赢家联盟，或者只要丙同意，也能形成赢家联盟，因此两人中有一人退出也不会瓦解赢家联盟。

如果将投票规则做出更改，要求必须超过三分之二赞成票方案才能成立，那么关键加入者就只有乙，因为只有甲和乙的投票权相加才能超过三分之二。如果乙不同意，则赢家联盟无法形成。

虽然在上述案例的讲解中，感觉赢家联盟好像失去了公平，只要最有影响力的参与者和最关键的加入者之间形成同盟，就可以让不公平的制度也能得到执行。在结成赢家联盟的过程中，必须以制度公平为保障，因为只有在公平的环境下，联盟才能稳定并持续发展，否则就成了一锤子买卖。如果相互间都抱有结盟一次就占一次便宜的想法，结盟就难以形成了，毕竟大家都想要通过联盟为自己获得最大的不公平的利益，人人都利己，又何来结盟呢！这是至关重要的。因此，结盟的稳定性必须建立在所有参与者都能被平等对待的基础上，大家遵循共同的规则和标准达成长期合作，彻底克服短期利益冲突和博弈中的不确定性。

综上所述，结盟是一种常见的策略，目的是通过联合其他参与者以获得更大的利益。通过建立稳定的联盟关系，可以更好地应对博弈中的挑战，推动制度的完善和发展。在未来，随着博弈环境的不断变化，这种策略将继续发挥重要的作用。

| 第 05 章 |

◆

博弈控制

威胁可信，承诺亦可信

在博弈中，可信的威胁可以有效地影响其他参与者的行为和决策，但需要谨慎使用，以避免破坏合作关系或引发其他问题。承诺也需要谨慎使用，确保其可信度。可信的承诺可以提高对方的信任度，促进合作关系的建立和维护。

套牢对手，变被控制为反控制

博弈思维的核心在于洞察对手。像下棋一样，博弈需要对对手的动向和意图有敏锐的观察力，并准确抓住对手的弱点，制定出更有针对性的策略，套牢对手。这就要求我们必须具备不拘一格的应变能力，适时调整策略，出奇制胜，将被控制的局面转化为反控制的机会。

在 20 世纪早期，通用汽车和其他企业一样，都是从独立的车身制造厂采购车身。通用汽车调整了采购策略，停止了与之前采购的车身企业的合作，转而同费雪公司签订了采购合同。

汽车的科技发展速度非常快，车身制造需要不断科技研发和更新设备，是高投资、大规模的工业。费雪公司第一次与大型车企合作，不可能放弃机会，但若是完全按照通用公司的要求进行生产投资，当投资建造的专门设备到位后，就等于同通用公司绑定了，短时间内不可能再同其他车企签订合约。本就"客大欺主"的通用公司很可能在接下来的采购合作中以停止采购相威胁进行压价，那时的费雪公司将不得不就范，以保证投资产出比。

为了解决这个可以预见的合作危机，费雪公司希望与通用公司签订长期的采购合同，并且主动再一次降低报价，但要求在合同中规定通用公司只能从费雪公司采购车身。通用公司以为费雪公司是舍不得丢掉和大企业合作的机会，才会主动降价的，而长期合作也是通用公司所期望的，并且预想在将来的合作中可以再要求费雪公司降价，鉴于种种对自己有利的条件，通用公司和费雪公司重签采购合同，并加入了"只能从费雪公司采购车身"的条款。

首轮合作愉快度过后，通用公司和费雪公司继续商谈下一轮的合作，在要求费雪公司继续降价时，遭到了非常直接的拒绝。通用公司这才意识到策略有误，不得已几番施压希望停止合作，但费雪公司丝毫没有停止合作的意思，最后通用公司只能同费雪公司继续合作，失去了继续压低车身采购价格的主动权。

在大公司与小公司的博弈中，大公司总能掌握主动权，因为小公司没有多少选择权。在这种较量极不对等的情况下，力弱的一方就会被力强的一方控制，没有什么反抗的能力。按照这样的常规思维，费雪公司必然会被通用公司拿捏。但博弈思维就是让我们学会以非常规的思维思考问题，力弱不代表没有机会，关键是要找到可以反制对手的切入点，然后力弱的一方一步步套牢力强的一方，等于是将力强一方的力量过渡到力弱一方，将双方的实力拉平，甚至力弱的一方还更强一些。

博弈控制的关键就是要让博弈中的威胁可信，通用公司鉴于合同的约定，只能受制于费雪公司必须合作的胁迫，就是一种百分之百的可信。当威胁可信了，两个本来为了控制和反控制而博弈的对手，反而因为现实所迫而不得已重新坐下来，好好商谈接下来的合作，此时双方都知道合作已经成为必然，那么只有精诚合作，才能让双方在合作中收获最大的利益，此时就达到了承诺亦可信。

小步慢行缩小威胁程度

主人牵着自己的骆驼在沙漠中跋涉。傍晚，主人睡在帐篷里面，骆驼睡在帐篷外面。但半夜起风沙了，骆驼不希望自己在露天地里受苦，也想进入帐篷里，但它料到主人不会同意，就采取了步步接近的策略，说："善良的主人，外面很冷，还有沙尘，能否让我将鼻子伸到帐篷内取暖？您知道，对我们而言，鼻子太重要了。"

主人本想拒绝，但又一想，虽然帐篷容不下自己和骆驼，但骆驼只进来鼻子，总不能拒绝，就同意了。过了一会儿，骆驼又说："善良的主人，只是鼻子暖和无济于事，我的头很冷，请允许我把头也伸进帐篷里吧？"

主人想，头冷也是很难受的，而且只是头也占不了多大地方，就允许了。又过了一会儿，骆驼又说："善良的主人，我的脖子很冷，我在瑟瑟发抖，请允许我把脖子伸进来吧？"

主人想，头和脖子是一体的，脖子冷，头还是不舒服，也允许了。又过了一会儿，骆驼又说："善良的主人，我的胸膛感觉很冷，心跳加快，能让我的前胸进到帐篷里暖和一会儿吗？"

主人想，胸膛冷也正常，毕竟外面起风沙了，而且骆驼只是进来暖和一会儿，又一次同意了，还让出了一块地方。这一次胸膛刚进来，骆驼就说："胸膛进来，但前腿不进来，抻得难受，主人能让我将前腿一起进来吗？暖和了，我就出去。"

主人看到骆驼伸着脖子、挺着胸膛的姿势，确实不太好受，就同意了。没想到骆驼这一次不仅将前腿伸了进来，还一使劲连同腰、屁股都进来了。主人被挤到了角落里，骆驼成了帐篷的主人。

这么挤着确实太不舒服了，主人提醒骆驼暖和好了就赶紧出去，没想到骆驼却说："我现在后腿还在外面受冻呢，怎么可能暖和过来，我得都进来，才能真正暖和，暖和好了我就出去。"

主人一想，既然就差后腿了，那就进来吧，暖和好了，好让骆驼赶紧出去，就又一次同意了。但这次骆驼全部进来后，却一屁股将主人挤出了帐篷，任凭主人再怎么踢打，骆驼也岿然不动。主人没有办法，不能在帐篷外面睡，只能蜷缩起来和骆驼挤着睡了一晚。

这个故事中的骆驼非常聪明，策略性地一步步接近目标。因为很多目标是不容易也不可能一步达成的，需要分步骤进行，这样既拆分了目标的难度，又可降低对手的警惕性。大的目标是具有激励性，但同时也具有压迫感，会让人内心焦躁急迫，而拆分后的每一个小目标的实现难度降低了很多，更容易达到的目标本身也是一种动力。跑马拉松的运动员，即便实力强悍，也很少从起跑开始就将目标设定在终点，而是放在沿途的一些标志性地点，每到达一个地点内心的动力就会增强。

哈佛大学政治经济学教授托马斯·谢林说："若是一个大的承诺或目标暂时不可行或困难过大，就应该选择一个个小的承诺或目标，并有计划地加以运用，直至最终实现。"

外部机会的深刻算计

经济学家阿门·阿尔钦在其编纂的教科书中有一道题："假如你打算买一辆车，有两种策略：第一种是锁定代理商，对他软磨硬泡，要求对方非降价不可；第二种是找到不同的代理商，询问价钱时漫不经心地暗示，你确实想买车，但也看了好几家店，不是非你这一家不可。采用哪种策略更好呢？"

毫无疑问是第二种，多找几家店，因为卖家最拿"另有门路"的买家没有办法。就像阿尔钦自己在书中解释的："与卖家竞争的，是其他卖家；与买家竞争的，是其他买家。卖家与买家之间其实并没有竞争关系。"

1999 年 10 月，商人豪尔赫·马斯准备在迈阿密的家中修建一个标准游泳池，必须在年底完工，以迎接千禧年到来时在家中举办的豪华派对。为了能将游泳池的建造标准达到最高，并尽可能地压缩成本，马斯在报纸上刊登了建造游泳池的招商广告，写明了建造要求。很快就有十几位承包商前来投标，各自的标书中都有承包详细标单，包含各项工程费用及总费用。马斯将初选的工作交给了懂得建筑行业的下属，从中选出价格比较合理的三位承包商。在具体分析这三个承包商的投标书时，马斯发现他们所提到的工期时长、所提供的设备、材料、所要求的施工条件和所希望的付款条件都不一样。为了了解更多详情，马斯请三位承包商到家里详谈。

于是，承包商甲、乙、丙分别于 10 月 3 日、4 日、5 日来到马斯家中。在与三位承包商的沟通中，马斯了解到，承包商甲虽然要价最低，但他工期最短，一些后期工作需要额外付钱；承包商乙的报价最高，但工程用料和监管力度最好；承包商丙的要价居中，承诺的工程用料和监管力度也不次于承包商乙，但他最近债务缠身，有些心不在焉。

最终经过货比三家，马斯选中了承包商乙，毕竟质量是第一位的，但他给出的报价反馈只比承包商乙的报价略低一点。而承包商乙之所以敢报高价，就是对自己的施工质量有信心，他要给自己留下可以与对方讨价还价的机会。如今马斯和承包商乙的谈判有了共同点，即都要将游泳池建好，谈判达成一致。

这个世界上的任何商品，其价值都是因为有人争夺才产生的。这种让卖家与卖家竞争的策略设计，就包含着对外部机会的深刻算计。让潜在的利益谋取者相互竞争，会导致他们讨价还价的能力降低。而来自潜在利益谋取者的相互竞争，就是可以利用的外部机会。对于博弈者而言，如何深刻计算这些外部机会，将其转化为自己的优势或减轻自己的劣势，是一项极其重要的能力。

要深刻计算外部机会，首先需要对威胁和承诺有准确的理解和应用。一个有效的威胁必须让对方相信，如果他不按照威胁者的意愿行动，将会遭受严重的后果。同样，一个有信用的承诺需要让对方明白，承诺者有足够的动机去履行诺言。

通过机制设计，创造高压环境

公元 974 年，宋太祖赵匡胤遣使入南唐，要南唐后主李煜入朝，被李煜以生病为由拒绝。赵匡胤以李煜拒命来朝为辞，发兵十余万，三路并进，进攻南唐。其中，都部署曹彬与都监潘美率水陆军 10 万由江陵沿长江东进，为攻击主力。李煜虽然才华横溢，但治国治军皆无方，从交战伊始南唐军便节节败退。次年十一月，江宁城破，李煜奉表投降，但李煜须率群臣到曹彬的战船上请降。

曹彬看到李煜一群人来到岸边后，命人在战船与岸边架上了一块宽度仅有二十厘米、长度却有数米的长木板。一名宋军将领踩着木板由船上下到岸上，请李煜登船。李煜站在木板前徘徊良久，迟迟不敢踩上木板。曹彬见状哈哈大笑，起身来到长木板前，噔地一步踏上，从容走了下来，其他将领也鱼贯而下。

曹彬来到李煜面前，笑着说道："在下甲胄在身，不及答拜，望乞见谅。"

李煜惶恐回答："亡国之人，岂敢有劳元帅答礼。今率四十五人，恭候元帅发落。"说罢，毕恭毕敬地奉上玺绶。

曹彬让李煜先回宫收拾行囊，第二天一起返回开封。李煜离开后，都监潘美不无担心地说："大帅，陛下让我们活捉李煜，如今咱们既已抓到他，为何还要将其放回宫中，若其趁乱逃离或者自杀，我等如何向陛下交代？"

曹彬笑着说："放心吧，他没有那个胆子，他连一块木板都不敢过，又哪里来的勇气逃跑，更别说自杀了！"

果然不出曹彬所料，第二天一大早，李煜便带着后宫家眷来到船边等候了。其实，这一夜不是没有人劝过他逃走，但他不敢逃。

曹彬的做法在博弈论中被称为"机制设计"，目的是通过人为制造出的高压环境，令不同类型的人在应激状态下做出不同的反应。为什么要进行机制设计呢？因为每个人对自己的行为都会有意无意地有所隐藏，让别人无法看透自己。面对这种隐藏，一些常规方式恐怕难以真正奏效，因为对方就是要隐藏，我们无法叫醒一个装睡的人。这时就需要用非常规的方式，将对方隐藏的行为揭露出来，这种非常规的方式就是设定一个高压的环境，让对方在极大的心理压力之下，顾不上伪装，就直接暴露了。因此，机制设计更像是一种行为辨识，设计者可以通过观察不同人的选择，推测出他们的真实行为。

机制设计在生活中的应用十分广泛，各类场景都可以通过制造高压环境达到自己的目的。我们每个人都在进行着机制设计，只是不自知罢了。例如，经商者通过各种促销活动，使消费者产生"现在不买，以后就没有这种好机会"的错觉，达到销售商品的目的。再如，职场中上级通过设立奖惩机制，使下属产生"努力工作就能升职加薪"和"不努力工作就会受罚、淘汰"的意识，从而达到有效实施管理行为的目的。

因此，创造高压环境的最终目的，是通过威胁和承诺，制定出有效的策略和规则，使参与者感受到足够的压力，以实现预期目标。

用切断联系的方式增加威胁可信度

在博弈中，威胁的作用不只是恐吓对手，而是让对手相信威胁是千真万确的，如果对手仍然拒绝合作，则威胁将变成现实。

切断联系并增加威胁的可信度，是一种积极或可取的博弈方式，可以坚定地表明立场或维护权益。通过断绝与某个人的联系，可以传达出自己的不满、失望或愤怒，并让对方意识到问题的严重性。这种做法会促使对方重新考虑自己的行为或态度，从而促进问题的解决。

公元32年，光武帝刘秀率众将征讨隗嚣，隗嚣手下将领高峻曾投降汉军成为寇恂的部将，后因害怕受到牵连，逃回故营，固守高平。隗嚣死后，高峻占据高平县，扯旗造反。刘秀先派马援招降，高峻斩了马援的使者。刘秀又派耿弇、窦士、梁统等率兵围困高平，一年未能攻下。

公元34年，光武帝刘秀亲自领兵征讨，仍未攻破，遂派寇恂前往征讨。寇恂带着皇帝的手谕前去招降，高峻派遣军师皇甫文前来谒见。皇甫文礼貌不周，出言不逊，寇恂大怒，未开始谈判就下令斩杀皇甫文。诸将认为此次是为了招降，还未谈判就将对方来使杀了，实在不妥。寇恂认为皇甫文这样辞礼不屈，心中毫无降意，此次前来一是探听我方虚实，二是作缓兵之计，况且他是蛊惑高峻对抗朝廷的核心人物，是叛军的主心骨，杀了他就等于告诉高峻我方断绝了和他谈判的决定，他只有投降这一条路。果然，高峻听说皇甫文被杀，心生惶恐，即日便开城门投降。

寇恂的策略非常明确，就是以直接切断联系的方式，直接抢走了谈判的主动权和决定权，不给对方任何回旋和后退的机会，这种威胁是具有震慑力的，由不得对方不相信。在战斗中，只有让对方相信你一定会战斗至最后一刻，他们才会失去抵抗的信心。如果让对方感觉到自己仍有机会，就会继续抵抗。

通过切断联系，迫使对方就范的博弈策略，在现实中也很有用。例如，你想买一件商品，和卖家讨价还价，就必须让卖家相信你给出的价位就是最后报价，不可能再涨了，否则就不买了。再如，你希望老板给自己加薪，和老板进行谈判，就要让老板明白你的心理底线，达不到就走人，不管你是否真的想走，关键是要让老板相信，你最后会跳槽，如果你确实能力出众，老板一定会考虑加薪。

当然，用切断联系的方式增加威胁的可信度，需要及时收集相关的信息，通过对信息的分析设定一个限度（上限和底线）。就像你希望老板加薪，要让老板认识并认可你的价值。千万不要为了威胁而威胁，而是要该威胁时才威胁，每次威胁都要有力度。也不要经常威胁，任何策略用多了就没用了。

总之，断绝联系的真意是断绝对方继续"挣扎"的信心，而不是真的要断绝联系。我们要学会用这个方式增加博弈的成功率，简化博弈的复杂度。

明显的不合理即是良好的策略理性

在博弈中，理性行为通常是基于预期的收益和成本进行计算的。然而，有时参与者会采取一些明显不合理的行动，从传统经济学的角度来看，这些行动似乎并不符合最优策略。但实际上，这些看似不合理的行为可能是策略理性的表现，尤其是在复杂的博弈环境中。本节将探讨这种明显的"不合理"为何可能是良好的策略理性，并运用博弈思维来解析这一现象。

1754 年，英国和法国军队在北美荒野发生冲突，两年后冲突蔓延到欧洲，在那里被称为"七年战争"。无论是英军阵营，还是法军阵营，都有很多在北美大陆出生的殖民者的后代。伊斯雷尔·普特南就是一名马萨诸塞的铁杆清教徒，因为信仰另类，加之他性格火暴，年近 40 岁，仍只是一名下级军官。

一次，普特南和军中一名来自英国本土的上尉发生了冲突，两人约定决斗解决。普特南知道这位上尉的实力，如果自己和对方正面比拼，枪法和剑法都要落下风。为此，他邀请这位上尉来到指挥帐篷里，他的决斗建议是，两人坐在同一个火药桶上，火药桶外有一根很长、很粗的导火线，点燃后，谁先起来离开火药桶，谁就输了。为了在爆炸时不至于波及他人，普特南命人将火药桶内部的火药取出来一部分，但剩余的火药量也足以炸死坐在上面的人。

两人坐在火药桶上，导火索点燃后，不少人在帐篷内看热闹。导火索烧到一半时，不少人跑了出去。导火索烧到接近火药桶时，帐篷里就只剩下普特南和上尉两个人了，其他人在帐篷外看。此时，上尉的脸上豆粒大的汗珠滚了下来，当导火索烧到火药桶壁时，上尉一下子蹿了起来，跑出了帐篷。上尉出来后，普特南也跑了出来，帐篷内的火药桶爆炸了。这次决斗的结果，普特南获胜。

博弈思维强调参与者之间的相互影响和策略互动。策略理性并不仅仅是指最大化个人利益，而是指在考虑到对手可能的反应后，做出最有利于自己利益的决策。因此，有时候，参与者会选择那些明显不合理的行动，因为这些行动可能在对手眼里看起来更不合理，从而获得优势。

明显不合理的策略理性的典型表现就是虚张声势，即博弈参与者故意表现出不合理的行为，或者用以误导对手，或者用以威慑对手，或者故意模糊其真实意图或能力，使对手难以预测其行为，从而产生错误的判断。例如，在一个零和博弈中，其中一个参与者故意表现出一种不惜一切代价的决心，以迫使对手退缩。这种明显的威胁可能是良好的策略理性，因为它能够有效地阻止对手采取对自己不利的行动。

在动态博弈中，参与者会不断地学习和调整自己的策略。有时采取一些不合理的行动是为了探索新的策略或试探对手的反应，通过观察对手对这种不合理行为的反应，参与者可以更好地理解博弈环境、博弈情绪的影响，并做出更优的决策。

通过以上探讨，可以看到明显的"不合理"行为在博弈中具有良好的策略理性。这并不是说所有不合理行为都是理性的，但在复杂的博弈环境中，一些看似不合理的行为可能是基于威胁、承诺、信息不对称、策略学习、心理因素或合作与竞争的平衡等因素的考虑。因此，在理解和分析博弈行为时，不能仅仅基于传统经济学的理性假设，而应更全面地考虑各种可能的因素和动机。

值得注意的是，这种明显的"不合理"行为并不总是有益的。在某些情况下，过度的不合理可能导致信任破裂、合作崩溃或其他不利的后果。因此，在实际应用中应恰当地平衡理性和不合理行为的使用。

◆

第 06 章

博弈风险

在变化中把握不确定性

　　博弈是对利益的争夺，因为过程中各种信息和资源的变化，必然会产生一些不确定性。参与者需要面对来自对手行为的不确定性、自身决策的不确定性以及环境变化的不确定性等多个方面的风险。

好的均衡与坏的均衡

很多人在生活中经常会被两种情况骚扰：一种是推销的电话，另一种是推销的电子邮件。很多人的做法是，接到这类电话便不再继续听，而是直接挂掉；收到这些垃圾邮件，则是连看也不看就直接删除了。或许你只会觉得这些企业怎么如此烦人，当下谁还理会这种"广撒网"式的营销方式呢！但正是这种"广撒网"能够给企业带来收益，所以他们才会乐此不疲。因为其中包含着一种"纳什均衡"，只不过是好的均衡与坏的均衡间的博弈。

以垃圾邮件为例，假设发送10万条才能有机会获客，发送100万条才能拉取到几位新客户，但对企业而言就能形成盈利。现实也的确如此，总有一些人会通过垃圾邮件的介绍成为某企业的消费者。

其实，企业也知道这种人海战术是非常傻的营销手段，几百万人中才有机会开发一个新客户，奈何这种做法有利可图啊，而且方便省力，成本极低。只要企业在这上面获得了盈利，就会继续做下去；或者有一家企业借此盈利，其他的企业也会跟着加入进来。我们用纳什均衡总结这种行为：最初，在没有这种营销方式时，各企业在这方面是均衡的（假设都是0）；后来，有的企业率先启动了邮件营销，此时采用邮件营销与不采用邮件营销的企业之间的利益关系就有了差距，各企业在这方面就是不均衡的（假设采用的企业这方面的利益是1，不采用的企业这方面的利益是0）；于是，没有采用邮件营销的企业发现这里面有利可图，跟进采用，便达到了新的纳什均衡（即所有采用的企业这方面的利益都是1）。

电话营销亦是如此。对于企业这是一种好的均衡，因此企业在明知道用户很反感的情况下还是会继续这样做。对于用户来说则是一种坏的均衡，因为没有人会希望自己总是接到推销电话和收到垃圾邮件。

通过这个案例，我们知道，纳什均衡并非一成不变的理想状态，而是存在着好的均衡和坏的均衡之分。当然，该案例仅是好坏均衡的表象，实质上好的均衡背后体现的是合作与共赢的精神，坏的均衡背后体现的则是冲突和损失。想一想环境治理与企业盈利的矛盾关系，加装污染治理设备则会提升企业的生产成本，通过不加装污染治理设备而降低企业生产成本的同时又会污染环境。因此，不加装对于企业而言是好的均衡，对于环境则是坏的均衡；反之，对于环境是好的均衡，对于企业就是坏的均衡。但是，环境污染若是长时间发展下去，也必将会影响企业的经营发展，企业还是会被现实逼迫去进行环境治理的投资，通常治大病的投入会比治小病和治未病的投入大得多，取得的效果却是未知的。正因如此，好的均衡与坏的均衡在本质上并非一成不变，只有使好的均衡与坏的均衡达到一个再平衡的状态，才能真正把握住博弈中的不确定性，形成利益博弈的最终平衡。

纳什均衡不仅让我们看到了人类社会相互影响的复杂性，还告诉我们，博弈的各参与方需要认识到长期合作的重要性，超越短期个体利益，从整体利益出发。通过深刻理解纳什均衡的好与坏的两个面向，我们能更好地分析问题、引导决策，促进个人利益与集体利益的和谐发展。

警察与小偷博弈：混合策略提升期望得益

某小镇分为 A、B 两区，A 区有一家超市（假设有 2 万元财产），B 区有一家仓库（假设有 4 万元财产）。但小镇上只有一名警察，负责保卫小镇居民的人身和财产安全。小镇上还住着一名惯偷，他的目标就是银行和仓库。因为只有一名警察，所以每晚只能选择 A、B 两个区中的一个去巡逻，惯偷只能通过判断警察巡逻的地点来选择行窃目标。

警察与惯偷的博弈，分为警察成功和惯偷成功两种情况。警察成功的情况如下。

如果警察去 A 区巡逻，惯偷因判断失误也去了 A 区行窃，则惯偷被抓获，财产无损失。

如果警察去 B 区巡逻，惯偷因判断失误也去了 B 区行窃，则惯偷被抓获，财产无损失。

惯偷成功的情况如下。

如果警察去 A 区巡逻，惯偷判断正确后去 B 区行窃，则 B 区价值 4 万元的财产中的一部分将归惯偷所有。

如果警察去 B 区巡逻，惯偷判断正确后去 A 区行窃，则 A 区价值 2 万元的财产中的一部分将归惯偷所有。

看来，警察保住小镇财产的机会只有 50%，那么他应该采取哪一种巡逻方式，才能让小镇的财产损失降到最低呢？

如果仅从财产价值方面看，警察应该常去 B 区巡逻，因为 B 区仓库的财产价值更高，如果让惯偷得逞，可能产生的损失也更多。但这种策略却并非最好的，因为这只是以警察的角度进行考量，惯偷的角度一定是与警察相反的，虽然他也知道仓库里的东西更有价值，但被抓的风险也更高。

此时，如果仅用常规的博弈思维，警察将会陷入选择僵局。在非常情况下，可以采用一些非常策略，在此我们推荐的策略是抽签。看到这个方法，很多人会觉得可笑，将选择交给抽签、听天由命也能叫策略。如果是常规抽签，这确实算不上策略，只能是赌运气。但若是根据事情本身有策略地抽签，这就是博弈论中已经被广泛认可的混合策略，目的是提升期望得益。

因为 A 区超市的财产价值是 2 万元，B 区仓库的财产价值是 4 万元，因此在抽签时就应该用 1 个签代表 A 区，用 2 个签代表 B 区，以达到对财产的代表。如果抽到 A 区的签，警察就去 A 区巡逻；如果抽到 B 区的签，无论是哪一个，警察就去 B 区巡逻。这样，警察去 A 区巡逻的概率就为 1/3，去 B 区巡逻的概率就是 2/3。

再强调一次，抽签不是赌运气，而是为了提升期望得益。因为当博弈中的一方所得为另一方所失时，对于博弈双方的任何一方而言，只有混合策略均衡，而没有纯优势策略。纯优势策略是博弈参与者一次性选取，并且一直坚持的策略。混合策略则是博弈参与者在各种可供选择的策略中随机选择的，参与者可以根据具体情况改变随机方式和随机频率，使策略满足一定的概率。

可能看到这里，你还是对抽签这种行为有些不解，觉得这好像不算是一种策略。那么我们来看看这种方式在现实中的应用。

几乎世界上所有的国家，税务机关和纳税人之间的关系就类似于警察与小偷间的博弈。税务机关只有在纳税人会逃税的情况下才会查税，而纳税人只有在不会被查税的情况下才会偷逃税。因此，理性的纳税人在决定要不要偷逃税时，一定会考虑到被税务机关调查的概率。一般而言，税务机关不会随便查一个纳税人的账，但又不能不查，最好的方式就是随机抽查。抽查既起到了震慑作用，又能将查税给企业带来的经营不便降到最低。

混合策略让博弈不再是定向、定量、定时、定则的，而成为一种随时可变化的非预期行为。博弈的双方以利益为核心，做出不定时的策略调整，很多时候却并非是根据对方采取的策略的反制策略，而是根据博弈不确定性做出的单方面行为。

人弃我取，人取我与

台湾有着经营之神之称的王永庆，他的一句名言是："卖冰激凌应该在冬天开业。"他的解释是，冬天时顾客少，必须全心全意做产品，倾尽全力去推销，严控成本，加强服务，给顾客最好的消费体验，让顾客主动回购。通过这样一点一点建立基础，等到夏天到来时，顾客和店家都对产品有信心，发展的机会也就有了。

这样的思维方式与博弈论不谋而合，也与我国自古就有的"人弃我取，人取我与"的思维相契合。不景气时也可以成为谋发展的良机。如果企业在不景气的状态下依然活得下来，甚至还活得不错，那么在行业复苏时，自然就可以乘着东风高速发展了。

但在现实中，很多企业经营者总是在旺季时进入，也总是关注着旺季时的经营情况，对于淡季则采取一种天然性的放弃策略，认为淡季就应该生意萧条，没必要为之费心力，等到旺季时，情况自然就会好起来。如果这种规律一直有效，就不会有破产的企业了，反正熬过淡季就会迎来兴旺。但现实世界远非淡旺交替这般柔和，很多企业就是在外部形势一片大好之时倒下来的，总结原因，往往是因为在变化中放任了不确定性的肆意，让企业始终处于被风险包围之中。

关于"在冬天卖冰激凌"的心得，王永庆不仅是嘴上说说，实际做法上也一直秉持着"人弃我取，人取我与"的策略，将一些别人抛弃的东西变废为宝，逐渐成就了自己的辉煌事业。

1980 年，美国经济陷入低潮，石化工业尤其不景气。毫无疑问这又是一频频抛弃资产的时代，停产的石化厂比比皆是。虽然这些石化厂都在亏本出售，但多数企业家都抱着观望的态度不敢介入。王永庆却一改平时稳健的姿态，其执掌的台塑集团出资买入得克萨斯州的一家化工厂，第二年又在路易斯安那州和特拉华州分别买入了一家化工厂。1982 年，王永庆更是砸出大手笔，以总计 1950 万美元的价格一口气买下了美国 JM 塑料管公司的八个下游工厂。

王永庆的这些操作让人颇为费解，在其他人都避之唯恐不及的领域，他却频频砸钱进场，不怕风险吗？但这就是王永庆"人弃我取，人取我与"想法的体现，商人廉价收买滞销物品，待涨价时卖出以获取厚利。王永庆在经济不景气时进行投资，收购或建厂的成本都较经济景气时要低很多，待到经济恢复后，可以极大地增强产品的竞争力。而且，经济是有周期律的，有萧条时，就有复苏繁荣之时。新介入一个行业的企业，可以在该行业不景气时摸索经营之道，并且完善工厂的建设和经营流程，一切准备工作就绪后，市场也复苏了。

1983 年初，石油每桶下跌至 5 美元，美国经济开始复苏，塑胶产品的市场需求量大增。台塑集团的几家美国工厂在萧条时已经完成了整改，提升了竞争力，复苏后企业立即蓬勃发展。当年年底，台塑集团在美国的 PVC 工厂每年的产量共计达到 39 万吨，加上台塑原有的 55 万吨的生产能力，合计年产量近百万吨，一跃成为世界上产量最大的 PVC 制造商。

从博弈的角度看，"人弃我取"体现了逆向思维的智慧，当多数人选择放弃或退缩的时候，往往意味着某种机会的出现。而"人取我与"则更多地体现了和谐共生的智慧，当他人积极追求或拥有某种资源时，选择与之分享或给予。

综上所述，"人弃我取，人取我与"这一策略体现了博弈智慧，既可以帮助决策者在他人放弃时找到机会，又可以在他人追求时保持关系的和谐与平衡。在实际生活中，灵活运用这一策略，可以帮助我们在各种博弈情境中获得更好的结果。

概率不等于成功率

当我们谈到概率时，通常是指某事件发生的可能性。在许多情境中，人们往往错误地将概率与成功率等同起来，认为概率高就等同于成功率大。然而博弈论为我们提供了一个更为深入的视角，让我们理解概率与成功率之间的差异。

博弈论的核心在于策略互动和决策主体的行为选择。在博弈中，每个参与者都有自己的利益诉求和行动方案，这些选择会相互影响，导致最终的结果往往与初始的概率预测有所偏差。

首先，概率高并不意味着成功率大。概率是对某一事件发生可能性的客观描述，通常用数学的方式来表达。例如，掷一枚硬币正面朝上的概率是 50%，但是这并不意味着连续掷出正面朝上十次的可能性就是 50%。因为每一次掷硬币都是一个独立的事件，前一次的结果不会影响到后一次的结果。即使正面朝上的概率高，连续十次正面朝上的成功率仍然是 50% 的十次方，即 0.0009765625。

其次，概率低的事件也有可能获得成功。有时，博弈参与者会采取特定的策略或技巧来影响结果。例如，在扑克牌游戏中，通过观察对手的行为和牌面信息，玩家可以采取合适的策略来提高自己获胜的概率。这种策略可能会使本来概率低的事件成为现实。

此外，概率不等于成功率还体现在对信息的掌握程度上。在博弈中，参与者对信息的掌握程度会影响其对概率的判断。例如，在股市投资中，如果一个投资者掌握了大量关于某公司的信息，他可能会对该公司未来的业绩有更准确的判断，从而提高其预测的成功率。相反，如果一个投资者缺乏相关信息，他的预测可能会偏离实际情况，导致成功率较低。

因此，从博弈论的角度看，概率与成功率之间存在明显的差异。概率只是对事件发生可能性的一个客观描述，而成功率则受到参与者策略、技巧和信息掌握程度等多方面因素的影响。

进一步讲，当考虑到博弈风险时，概率与成功率之间的差异会更加明显。博弈风险是指由于参与者之间的策略互动和不确定性而产生的额外风险。加之个人或组织在决策时往往存在心理偏差或认知局限，这也将导致对概率的误判或对风险的低估。这种风险的累加往往使得实际成功率偏离预期概率。

在实际生活中，对于博弈概率和风险的正确认识有助于做出明智的决策。例如，在职业规划中，一个人可能认为某个行业的就业前景很好，即该行业的成功概率较高。然而，如果他没有掌握相关的技能或经验，或者没有足够的资源来进入这个行业，那么他的成功率可能会受到很大的影响，也将面临更大的决策风险。又如，在商业合作中，一个企业可能认为某个合作项目具有很大的成功概率，但是如果对方企业不配合或不信任自己，或者存在其他的竞争者干扰，那么这个项目的成功率可能会大大降低。

为了在实际博弈中获得更好的成功率，参与者需要综合考虑多方面的因素，而不仅仅是概率的高低。在实际操作中，我们应该注意以下几个方面。

（1）深入了解相关情况，尽可能多地收集信息和数据。通过了解更多细节和背景知识，可以更好地评估成功的概率以及潜在的风险和机会，有助于制定出更加科学的计划和决策方案。

（2）结合自身实力和能力范围来考虑合适的策略或方法。应仔细分析自己的优势和劣势，根据实际情况采取有针对性的行动方案。选择适合自己的策略和方法，有助于提高成功率并降低风险。

（3）保持灵活性和适应性。在博弈中，情况是不断变化的，需要根据实际情况及时调整自己的策略和行动方案。通过不断学习和适应变化的环境条件，可以更好地应对挑战并抓住机遇。

综上所述，"概率不等于成功率"这一观点在博弈论中得到了充分的体现。概率只是对事件发生可能性的描述，而成功率则受到参与者的策略选择、信息掌握程度、情境条件、心理偏差、外部因素等多种因素的影响。理解这一差异，对于我们在生活和工作中做出明智的决策具有重要的意义。

随机策略增加惩罚力度

在博弈论中，策略的选择往往决定了最终的胜负。本节旨在探讨一种特殊的策略：随机策略。这种策略在某些情境下会增加对博弈对手的惩罚力度，即使在对手也采取随机策略的情况下。

假设有一个两位参与者的博弈，每位参与者都有两种策略：合作与背叛。在传统的囚徒困境中，如果双方都选择背叛，则两者的得益都会减少。为了解决这个问题，一些学者提出采用随机策略。在随机策略中，博弈参与者以一定的概率选择合作，以避免双方同时背叛的情况。然而，这种方法也存在着一些问题，例如当对手的策略发生变化时，博弈参与者需要不断调整自己的策略以保证最大得益。

针对这个问题，有学者提出了增加惩罚力度的策略。具体来说，当对方选择背叛时，博弈参与者会以更高的概率选择背叛作为惩罚。这种策略可以有效地遏制对方的背叛行为，因为任何一方的背叛都可能导致另一方更强烈的反击。

吉列和博朗都是国际顶级剃须刀品牌，两家公司的竞争策略激烈多样，为了避免让对手预判到自己的策略，双方被迫经常采用随机策略。起初，博朗在每个双数月的第一个星期天举行购物券优惠活动。吉列发现了这一规律，采用在每个双数月的第一天举行优惠活动进行反击。博朗又摸清了吉列的规律，将优惠活动提前到每个单数月的最后一个星期天。然后吉列继续反制……博朗也继续反制……连续几年的竞争之后，两家企业都对这种应对策略筋疲力尽，企业也因此受到了不小的经济损失。后来双方都默契地放弃了这种固定策略，采用随机策略，你宣传你的，我宣传我的，以"互不侵犯"的方式相互竞争。

"互不侵犯"被打上了引号，因为随机策略增强了竞争力度，双方各自出牌，总有出其不意的妙招出现，令对方措手不及。对方采取反制，也可能来个漂亮的反杀。但这种竞争令人兴奋，却并不令人疲惫，因为竞争本是商业常态，突如其来的杀招既容易达到宣传自己的目的，也容易达到惩罚对方的目的。

众所周知，税务机关的审计规律就是基于随机策略，目的不是一定要检查企业，而是要对企业造成一种压力，令其"莫伸手"，否则很可能刚"伸手"就被随机抽查出来了。

博弈是有风险的，因为博弈充满了不确定性，而增加惩罚力度可以有效改善合作环境，增强在变化中把握不确定性的机会。

首先，当一方采用增加惩罚力度的策略时，另一方如果选择背叛会面临更大的风险。这种风险使得对方更倾向于选择合作，因为背叛的代价太高。

其次，这种策略可以鼓励双方都采取合作策略，因为双方都知道对方的惩罚力度会随着自己背叛行为的增加而增加。

此外，随机策略与增加惩罚力度相结合还可以形成一种有效的制约机制。在传统的囚徒困境中，双方往往陷入相互背叛的恶性循环中。但是，如果一方采取了增加惩罚力度的策略，那么这种循环就会被打破。因为一旦有一方背叛，另一方就会以更大的力度进行反击。这种反击使得背叛的一方面临更大的损失，从而有效地遏制了对方的背叛行为。

综上所述，随机策略不仅可以有效地遏制对方的背叛行为，还可以鼓励双方都采取合作的策略。当然，这种策略并不是万能的，它需要参与者具备一定的判断能力和决策能力。此外，过度的惩罚可能会导致双方关系恶化，因此在使用这种策略时需要谨慎考虑负面影响。总的来说，通过合理运用随机策略增加惩罚力度，可以在许多情况下取得良好的效果。

最小最大策略：在正确的时刻结束错误

最小最大策略是一种常见的博弈策略，其主要思想是在博弈中追求最小化对手的最大收益。这一策略的核心思想是在给定的情境中，为防止对手获得最大的利益，而选择对自己来说最小的但能够限制对手的行动的策略。本节从博弈论的角度深入分析了最小最大策略，探讨其在不同情境中的应用，以及如何在实际决策中有效地运用这一策略。

最小最大策略并不是简单地追求个人利益的最大化或最小化，而是基于对对手可能行动的深度分析和预测。在实际的博弈情境中，这种策略能够帮助决策者预测对手的可能行动，从而制定出能够限制对手最大收益的策略。

在国际象棋比赛中，玩家在走每一步棋时，都会评估对手与自己所有可能的下一步棋，并选择能够使对手最大收益最小化的走法。例如，当一方有优势时，他可能会选择一种保守的走法，以防止对手通过巧妙的反击来扭转局势。这种策略需要深入的计算和预测能力，因为一个小小的错误就可能导致整个局势的逆转。

在投资选择中，最小最大策略被应用于风险管理和资产配置中。投资者会选择将资金分散投资于多个不同的资产类别，以最小化单一资产带来的最大潜在损失。这种策略的核心思想是避免将所有鸡蛋放在一个篮子里，从而降低整体投资组合的风险。

最小最大策略要求决策者对局势进行深入分析，预测对手的可能行动，并选择对自己最有利的策略。然而，这种策略也存在一定的风险和局限性，因为实际结果往往受到多种因素的影响，与预期存在偏差。因此，运用最小最大策略并不意味着每一次都能成功地限制对手的收益。例如，在商业竞争中，两家公司都选择采取最小最大策略来限制对方的收益，但市场的不确定性、政策变化或其他外部因素都将影响最终的结果。这就要求决策者能够在正确的时刻结束博弈中的错误。当发现对方也在采取最小最大策略、具有两败俱伤可能之时，或者自己的策略不足以达到限制对方的最大利益最小化时，就应该及时调整策略。

在博弈论中，有一个概念叫作"进化稳定策略"，指的是一个策略一旦被运用，就不会因为单个行为的偏离而被轻易取代。这种策略的核心是适应性和融合性，即能够根据环境和对手的变化做出及时的调整。

总之，最小最大策略能够帮助决策者预测对手的行动并限制其最大收益。然而，博弈风险的存在意味着实际结果可能与预期存在偏差。为了在正确的时刻结束错误，决策者需要具备深入的博弈洞察力和博弈理解力。同时，最小最大策略也并不是万能的，它应当与其他策略结合使用，以适应不同的博弈情境和目标。

中 篇

博弈法则

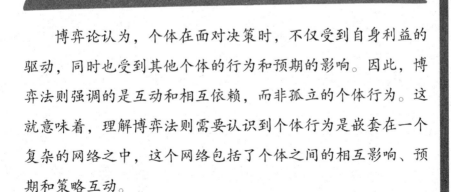

　　博弈论认为，个体在面对决策时，不仅受到自身利益的驱动，同时也受到其他个体的行为和预期的影响。因此，博弈法则强调的是互动和相互依赖，而非孤立的个体行为。这就意味着，理解博弈法则需要认识到个体行为是嵌套在一个复杂的网络之中，这个网络包括了个体之间的相互影响、预期和策略互动。

◆

第 07 章

人性博弈

人性不能预测，却能充分博弈

人性博弈是一种深入探讨人类行为和决策的思维方式，尽管人性复杂且难以预测，但通过充分理解其内在规律和驱动因素，人们可以在各种情境中进行有效的博弈。人性博弈提醒人们在处理人际关系和决策时，既要认识到人性的不可预测性，也要学会深入理解并利用人性的规律。

博弈思维让我们更聪明一点

我们为什么要阅读、要学习、要吸取教训和经验？因为我们始终希望自己能更聪明一点，以此提升自己应对世事变化的能力。但怎样才能真正让自己更聪明一些呢？看书学习和不断改进是好的方法，与此同时，也不能忽视对博弈思维的锻炼。博弈思维不是单纯地让我们赢得竞争，而是通过影响竞争过程增进自己对问题的认知和解决的综合能力。

奥斯卡最佳影片《美丽心灵》是以纳什均衡理论的提出者约翰·纳什为原型拍摄的，影片中有一个故事，可以诠释博弈思维对每个人的重要性，具有这种思维可以让一个普通人变得更聪明一些。

纳什和三个朋友在一家酒吧里喝酒，此时进来五个女孩，其中一个比另外四个漂亮，纳什与朋友想邀请女孩跳舞，该如何做才能达到目的呢？朋友们认为，应该先去邀请最漂亮的女孩，如果被最漂亮的女孩拒绝，再退而求其次去邀请其他女孩。但纳什认为这样做会两头空，因为四个男孩同时去邀请最漂亮的女孩，会相互牵制，结果谁都邀请不到。待到四个人被最漂亮的女孩拒绝后再去邀请其他女孩，那些女孩会认为自己只是别人的第二选择而恼火，也会拒绝男孩。

纳什的策略是，每个人都不去邀请那个最漂亮的女孩，而是分别邀请其他四个女孩，这样每个人都会得到一名舞伴，彼此之间又不会起冲突。

与其在求而不得时再退而求其次，不如一开始就放弃所谓的最佳选择。为什么要给最佳选择加上"所谓"二字？因为通过分析可知道，常规做法是根本无法获取到最佳选择的，得不到的"最佳"也就成了最差的。博弈的结果是为了获得利益，而得不到的"最佳"是无法让我们获得利益的，那就干脆放弃，将所有机会都押向第二选择，让这个选项的成功率提升到最高，这样获得的利益对个人而言才是最佳的。

博弈论对生活的价值和意义体现在，指导我们把制定决策的依据从教条化的常规认知转移到对具体事物的具体分析上，同时将观察事物的角度从自身视角扩展到所有博弈参与者的视角。

通过培养博弈思维，我们可以提高决策的质量，增强解决问题的能力，使自己在复杂的环境中更加从容地应对。

首先，博弈思维培养了我们对局势的敏感性。在博弈中，时刻关注对手的动态和整体局势是至关重要的，这也同样适用于现实生活。通过培养对周围环境的观察力，我们能更准确地洞悉人性，审时度势地把握机会，以更明智的选择避免潜在的风险。

其次，博弈思维强调长远规划。在博弈中，不仅要看到眼前的形势，更要思考后续的发展，这种长远规划的思维方式在生活中同样至关重要。通过制定目标、规划未来，我们能够更好地应对变化，不被眼前的问题困扰而迷失方向，避免盲目的短视行为。

博弈思维培养了我们的思考深度和广度，有助于我们在生活中面对问题时更富有条理和逻辑，更好地应对各种挑战。总的来说，博弈思维不仅锻炼了我们的智力，更影响了我们的生活方式和处世原则。

酒吧博弈：从众未必始于盲从

从众心理是个人受到外界人群行为的影响，而在自己的知觉、判断、认识上表现出符合公众舆论或多数人的行为方式。相关实验表明，只有小部分人能够保持独立性，不会从众，因此从众心理是个体普遍所有的心理现象。正因为从众心理具有的普遍性和缺乏独立性，人们会认为常被从众心理驱使的人往往是盲从，别人做什么，自己就跟着做什么，不懂得思考。

其实，这种说法是不正确的，有些人的从众心理确实是因为不具有独立思考的能力而出现的盲从，但有些人的从众心理则是因为具有独立思考能力之下的深思熟虑。

几乎每一年，我们都会听到某种蔬菜或水果的价格特别便宜，种植户因此遭受打击。如果将时间往前推一两年，就会发现彼时这种蔬菜或水果的售价是高于正常价位的，那两年的种植户因此赚到了不菲的收入。于是，未能赶上那两年好时候的菜农、果农动心了，也想分一杯羹。但关键问题是这样想的人太多了，导致供大于求而价格暴跌，预期的收益没得到不说，还可能会赔钱。这样的情况经常发生，不从众的人总能赚到最大利益，而从众的人则总是心酸伴随着眼泪。

这样的从众心理就是盲从引发的，因为不具有独立思考的能力，导致不少人反复掉进同样的坑里。可不盲从也一样免不了从众，有些人不仅深思，甚至还预判了别人的预判，然而陷阱仍在前方。

某小镇新开了一家酒吧（只此一家），能容纳50人左右，但小镇有上百人喜欢泡吧，每个周末都想去酒吧消遣。虽然酒吧不会因为客满就限制未入店的客人入内，但来的人超过了承载量，酒吧不仅服务质量下降，整体环境也相当糟糕。很多人抱怨来这样人满为患的酒吧还不如待在家里，于是很多人盘算下周不去了。果然下周末时大部分人都选择居家或其他活动，只有十几个人去了酒吧，享受了一次高质量的服务。没去的那些人知道后后悔不已，但到下周再去时，因为人们都以为还是只有很少的人去，结果这一次又来了很多人，又是一次糟糕的体验。这时又有很多人动起了脑筋，觉得第二次时人少，第三次时人多，那么常规分析是第四次就会有许多人受到了第三次的教训而选择不去，但人们又会接受第二次人少的教训，因此第五次应该去。很多人就这样预判别人的预判，结果第五个周末酒吧还是很多人。就这样小镇居民不停地做着预判，酒吧也就热闹一次、冷清一次……

这个案例让我们明白，很多从众心理与盲从无关，反而与深度思考有关。思考了很多，结果却从众了。这种情况在现实中非常常见，比如企业经营原本想走一条不同的路，经过反复研讨，结果却并未如愿；研发产品本想避开红海，一顿市场调研后，却一猛子扎进了红海。

为什么总会事与愿违呢？原因在于对人天性的低估。人的天性是趋利避害的，大脑的思考结果与实际行动之间总是存在着差异，这就是人们常说的"想的和做的不一样"的原因。很多时候，想的很好，也很正确，做的时候还是走原来的老路，因为老路更加熟悉。缺乏博弈思维，只用常规思维看待问题，就会这样不断从众地走老路。而用博弈思维去分析问题，就能更加理性地得出最佳策略，这种策略是有足够能力将我们拉出从众的泥潭的。

个体冒犯群体的非稳定策略

写字楼的 18 层 1803 室是一家文化公司，有十几名员工在此工作。办公桌是四人一组、中间以矮屏风间隔的办公位，员工在工位上都摆着自己的小物件，但在间隔的屏风上都不放置任何东西，毕竟屏风是共用的部分。该公司的员工每天按时上下班，一切都很平常。

一天，公司招来一名新人，刚来没几天就做了一件"离经叛道"的事——将中间的屏风加高了一块，比"左邻右舍"高出了约 20 厘米。这原本是一件很小的事，如果不是在这个场合中，根本不会引起人的注意。但在这间办公室内，第二天就引来了其他员工的一致抗议，理由是"高出来的挡板破坏了办公室的整体协调性"。老板找到这个新人谈话，希望其不要标新立异，必须拆除挡板。但新人的理由是：我的工位对着窗外，每到下午就有阳光照到工位上，不遮挡一块影响看电脑，因此不能拆除。

其他"抗议者"见挡板仍在，便加大了"攻击"力度，向老板反映

"新人的这种行为是一种骨子里的自私和对于秩序的蔑视，若不能制止，将会破坏公司氛围"。面对已经"上纲上线"的理由，老板自然不能坐视不理，再次找到新人，命令他必须拆除挡板。新人这一次没有反对，选择了"同意"，但他并没有立即行动，而是采用了"拖"字诀。此后每天上班时，其他员工来到办公室都免不了要议论几句，但随着时间的一天天过去，那块起初被大家视为"眼中钉"的挡板，逐渐地在同事们眼中习以为常了。后来，竟然也有其他员工在自己的工位屏风上竖起了属于自己的挡板。

这家公司其他员工对这位新人加高挡板的排斥甚至到了"人身攻击"的程度，以及后来对这件事的不了了之和仿效之行，关键不在于事情本身，而是人性使然。每个人都希望自己成为团队中的翘楚，受到别人的关注，若自己不具备这样的能力，那么也不希望别人有这样的能力和机会。因此，一旦看到别人做到了"出乎其类"，内心的各种感受都会翻出来，坚决反对特立独行之人的独特行为。

其实，几乎在任何情况下，特立独行者都会面对被孤立和围攻的危险。同样地，问题不在于这个特立独行者，而是其他行为惯常者，他们不愿意看到有人与自己不同，并通过这种不同得到更多的利益。而现实中，往往是那些特立独行的人得到了更多的利益，对于这一点，那些行为惯常者是非常清楚的。

回到案例中，这位新人很显然是懂得博弈思维的，尤其是明白在这种个体冒犯群体时，正面硬刚对自己没有好处，必须迂回反击，于是在第一次说明不能拆除的理由后，便不再辩解了，而是选择与反对者"保持一致"，但至于什么时候采取切实的"一致"行为，却没有指明具体的时间。虽然反对者是群体，而群体的智慧往往低于个体的智慧，但群体中的个体也会衡量当下反对的这件事是否值得自己粗暴地"越界"，如果不值得，这块挡板就是安全的，如果值得，这块挡板便危险了！最后的结果表明，反对者认为不值得，所以挡板不仅保住了，还有了其他的同类。

通过本节的讲述可以看出，个体冒犯群体没有绝对稳定的策略，因为所冒犯的事情和群体的智慧都决定了个体所采取的策略是否会付出代价。但是非稳定策略的实施，可以博到一半以上的成功概率，毕竟人性是可以被充分博弈的。既然可以博弈，就有获胜的机会。

最大的阳谋是正直

在复杂多变的社会环境中，人们为了追求自己的利益，经常需要面对各种策略和计谋。在这些策略中，有些是阴谋，有些则是阳谋。阴谋往往隐藏着不为人知的动机，而阳谋则是坦率地展示自己的意图，试图通过力量和正直来影响他人的行为。在本节中，我们将从人性的角度深入探讨"正直"的"阳谋"对于博弈的意义和影响。

当涉及正直这一品质时，博弈论的视角便发生了变化。正直不再仅仅是一种策略，而成了一种影响他人行为的强大武器。通过展现正直，博弈参与者可以建立信任、获得尊重和支持，从而在博弈中获得优势。

刘邦建汉，根基不稳，不得已实行"郡国并行"。这一政策在一定程度上稳固了政权，但也为王朝统治埋下了许多隐患。以至于后世的汉文帝、汉景帝都致力于"削藩"。诸侯国历经两三代人后，都已发展壮大，当然不甘心放弃权势，因此引发了"七国之乱"。到了汉武帝时期，汉朝已经初现鼎盛，皇帝羽翼渐丰，但国内的诸侯隐患仍未消除，因此如何削减诸侯国势力，又被重新提上了议程。

当时的大小诸侯国，都是嫡长子继承，如果嫡长子亡故，由嫡长孙继承。除非嫡长子一脉无嗣，其他嫡子就没有机会，而庶子更是不可能有机会。这样的继承制度让一些才能比较出众的诸侯子弟感到不公，不满情绪蔓延。

汉武帝抓住了这个机会，施行推恩令，要诸侯王死后，除嫡长子继承王位外，其他子弟也可分割王国的一部分土地成为列侯，由郡守统辖。推恩令下形成的侯国隶属于郡，地位与县相当。这样一来，诸侯子弟都有了继承权，诸侯国被越分越小，权势不再集中，汉武帝再趁机削弱或剪除其势力。

可以说推恩令是我国历史上的第一大阳谋。这项政令的施行，让各个大小诸侯的子孙们都非常欢喜，对于汉武帝也充满感激，诸侯王即便想反对，也找不到反对的理由，毕竟皇帝打出的大旗是"推恩"，做臣子的还能不感激皇帝赐予的"恩德"吗！

思维分奇正，谋略分阴阳。阴谋见不得光，必须在暗中进行；阳谋见得了光，就是光明正大地削弱你、打压你，却让你无可奈何。

从博弈论的角度来看，最大的阳谋是正直，原因在于它能够改变参与者的可信度和影响力。在博弈中，一个正直的参与者更容易获得他人的信任和尊重，这使得他们在与其他参与者的互动中占据优势。通过展示高尚的品质和行为，他们能够赢得他人的好感和认同，进一步影响他人的决策。这种力量并不仅仅来自表面的言辞和姿态，还来自内心的真诚和坚持。

然而，正直作为一种阳谋，其实施难度在于需要克服人性的弱点和短视。在追求个人利益的过程中，人们往往会受到诱惑的驱使，采取不正当的手段来获取利益。正直则要求人们坚守道德底线，拒绝诱惑和妥协，始终保持诚实和坦率。这种坚持需要高度的自律和内在的力量，因此并不是每个人都能轻易做到。

正直作为一种阳谋的优势在于，能够建立持久的信任和合作关系。在一个充满不信任和猜忌的社会环境中，正直的行为能够打破僵局，建立互信的基础。当一个人展现出高度的正直时，其他参与者会逐渐认识到他的可靠性和诚实，从而建立起长期稳定的合作关系。这种关系不仅有助于个人在博弈中获得成功，还能够推动整个社会的进步和发展。

为了在博弈中成功地运用最大的阳谋是正直这一策略，个体需要具备以下几个方面的能力和素质。

（1）坚定的道德信仰：正直要求个体具备坚定的道德信仰和原则，始终坚守道德底线，不受外界干扰和诱惑的影响。

（2）高度的自律性：正直需要个体具备高度的自律性，能够自我约束和控制不正当的欲望和行为。

（3）诚实和坦率：正直要求个体始终保持诚实和坦率，不隐瞒真相和欺骗他人，即便是善意的谎言，也不能作为不诚实的借口。

（4）良好的沟通能力：正直需要个体具备良好的沟通能力，能够有效地表达自己的观点和立场，并倾听他人的意见和建议。

（5）持久的耐心和毅力：正直需要个体具备持久的耐心和毅力，不断坚持并克服各种困难和挑战。

总的来说，"最大的阳谋是正直"这一观点强调了正直在博弈中的重要性和优势。通过展现正直的品质和行为，个体不仅能够获得他人的信任和尊重，还能够建立持久的合作关系，推动整个社会的发展。然而要成功地运用这一策略并不容易，需要个体具备坚定的道德信仰、高度的自律性、诚实和坦率、良好的沟通能力以及持久的耐心和毅力等多方面的能力和素质。因此，我们应该不断地反思自己的行为和价值观，努力成为一个正直的人，以实现个人和社会的美好愿景。

跳出"人求亦求"的怪圈

在日常生活中，我们常常会陷入"人求亦求"的怪圈中。即当我们追求某个目标时，往往会受到其他人的影响和限制。这种怪圈不仅会让我们感到疲惫和无助，还可能让我们失去自我和方向。然而通过运用博弈思维，我们就可以轻松地跳出这个怪圈，找到更好的解决方案。

20 世纪 90 年代初期，一个中部省份的小山村里，村民们每天开山凿石，将成形的石块运到路边，卖给建筑公司当材料。有个小伙子却另辟蹊径，自己花钱将石料运送到城里，卖给装饰公司和奇石馆。虽然多花了一些运费，但石料卖出了更高的价格。仅三年时间，小伙子家在村里第一个翻盖了新房。

后来政府保护环境，规定不许再开山凿石，只能种树。村民们纷纷种植果树，就在其他家选择种植此地曾出现过的品种时，小伙子却种植了一种此地从来没有出现过的梨，他种出的梨汁浓肉脆，卖了很好的价钱。原来在凿石卖石时，就陆续有其他地方保护环境、禁止开采以免水土流失的新闻出来，小伙子就已经开始准备转做种植了。他在一年前开始试种梨树苗，发现长势很好。

其他家见小伙子种梨卖了好价钱，也知道当地的土质适合种梨，纷纷砍掉其他果树，改种梨树。于是，在其他家还在育苗期时，小伙子就已经赚得盆满钵满了，他的梨卖到了最高价。等到其他家的梨丰收时，因为竞争的多了，虽然梨的品质依然上乘，价格却低了不少。小伙子在这几年又成了全村第一个在城里买房子的人。

故事中的小伙子非常聪明，他每一次的选择都和大多数人不一样，他能够以博弈的思维看待路径的选择，大多数人的选择可能不会错，但也不是最正确的。多数人都挤到同一条路上来，哪怕这条路很宽阔，这条路上的资源很多，但被所有竞争者摊薄后，每个人所能拥有的资源就非常有限了。而且其中若再出现几个掠夺资源的大鳄，他们抢走了大多数资源，那么剩下的人要分到的资源就更少了。而少数人走的路，甚至是一个人走的路，即便这条路很窄，资源很少，但因为竞争者少，走窄路的人分到的资源量一定不会比走宽路的人分到的资源量少。

想一想，案例中该村庄开采的石料是同一种，为什么卖给建筑公司和卖给装饰公司、奇石馆的价格却有很大差距呢？因为买方购买石头的用处不同，当建筑材料和当装饰用品与当艺术品的价值可谓天差地别。既然如此，为什么多数石料还是被卖到建筑公司，而不是卖到装饰公司和奇石馆呢？因为建筑公司的用量更大，相当于采石行业的宽路，即便获利很小，但挤进来的人却更多。而装饰公司和奇石馆对石料的需求就小了很多，相当于采石行业的窄路，村里只有小伙子走这条路，所以获利最大。

走多数人选择的路，可以在心理上更有安全感，但也同时陷入了"人求亦求"的怪圈中。要想打破这个怪圈，就需要以博弈思维的角度思考利益，看清楚走哪条路才能得到最大的收益。

◆

第 08 章

心理博弈

心有定数，便不再迷路

　　心理博弈是策略与情感的交织。这要求我们，一方面深入探索对手的内心世界，了解其恐惧、欲望与弱点；另一方面，稳固自己的心理防线，不被外界的干扰和诱惑所左右。心有定数，意味着在复杂情境中保持清醒和冷静，明确自己的目标和策略。如此便能洞察先机，把握主动，不再迷失于变幻莫测的心理战场。

脏脸博弈：注意传递出的关键信息

现有三顶黑色帽子和两顶白色帽子，三个人从前到后站成一排，并给每人戴上一顶帽子。三个人都看不见自己戴的帽子的颜色，站在最后的一个人能看到前面两个人帽子的颜色，站在中间的人能看到前面人帽子的颜色，站在最前的人谁的帽子颜色都看不到。从后向前问每个人是否知道自己戴的帽子的颜色？最后的人说是不知道，中间的人也说不知道，最前的人却说自己知道了。为什么？最后那个人的帽子是什么颜色的呢？

这是典型的博弈思维逻辑，回答这个问题需要明白一个共同知识。所有博弈参与者对博弈事件都有了解，所有参与者也都知道其他参与者也知道这一事件，则该事件就是共同知识。具体解释是：假定甲和乙两个人都知道事件S，并且也都请对方了解自己知道S，被知道的这个事件就是共同知识。

博弈参与者对某个事实"知道"的结构，相当于静态博弈中的倒推法，是一种获得决策信息的方式。这种推理链的最佳诠释是博弈论中著名的脏脸博弈，通过共同知识传递出"关键信息"。三个人都没有镜子，想要知道自己的脸是不是很脏，就问一个女孩，女孩说："你们当中至少一个人的脸是脏的。"三人相互环看后，脸上都露出喜悦之色。女孩又说："你们真的不知道吗？"三人再次相互环看，顿悟，脸都红了。因为三个人的脸都是脏的。第一次相互环视，都能看到另外两个人的脸是脏的，那句"你们当中至少一个人的脸是脏的"则带来误导，让人第一时间想到，或者一个人脸脏，或者两人脸脏，因此当看到另外两个人的脸都脏时，会下意识地认为自己的脸不脏，所以面露喜色。但是，当女孩再一次向三人确定时，三人突然明白了，大家都是根据公开的信息和共同的判断方式得到了"自己的脸不脏"的答案，那么恰好说明"自己的脸也是脏的"，所以脸都红了。

共同知识的出现，直接影响到了博弈结果。但与静态博弈不同的是，动态博弈参与者在做决策之前，并不知道其他参与者所掌握的信息。在这种情况下，决策不是通过观察其他参与者的策略进行，而是通过看穿其他参与者的策略做出。

再回到本节开始的帽子问题上，最前面的人就是建立在共同知识的基础上，深入分析后面两个人回答中隐含的信息，来确定自己的答案。最前面的人要将自己代入为其他博弈者，然后逐一分析最后的人和中间的人的答案。

首先，通过最后的人回答"不知道"，可知前面两人不可能都戴白帽。因为只有两顶白帽，如果前面两人都戴白帽，最后的人就知道自己一定戴黑帽了。

其次，根据只有两顶白帽的条件，并通过最后的人回答的"不知道"，中间的人可知自己和前边的人，要么都戴着黑帽，要么一人戴黑帽一人戴白帽。但他也回答"不知道"，说明最前的人不是戴白帽，那样他就能知道自己戴黑帽了。只有最前的人戴黑帽，中间的人才不能确定自己是戴黑帽，还是戴白帽。

最后，当最前的人通过上述分析后，可以确定只有自己戴黑帽时，后面两人才都不能确定自己所戴帽子的颜色。

整个过程中，最前的人利用后面两人的率先分析，通过三个回合的揣摩，知道了其他两人眼里看到的前面人所戴的帽子的颜色，从而判断出了自己头上帽子的颜色。这个博弈过程的关键就是注意共同知识所传递出的关键信息，脏脸博弈中的"你们当中至少一个人的脸是脏的"和黑白帽博弈中的后面两人说的"不知道"，掌握了关键信息，才能掌握博弈中的主动。

无论是脏脸博弈，还是猜帽子游戏，都是对心理分析的一种测试。之所以要强调"注意传递出的关键信息"，就是因为要给心理最坚强的博弈后盾，让内心的答案更加坚定而且自信。

虚假信息干扰对方的进攻方向

将虚假信息视为一种博弈策略时，实际上是在利用对方对于信息的依赖性以及其有限的理性。人类对于信息的处理往往受到自身认知偏见的限制，这使得我们容易受到虚假信息的影响。通过巧妙地设计和传播虚假信息，可以影响对方的决策，引导其朝着我们期望的方向行动。

美国俄克拉荷马州塔尔萨市的一间酒吧外，一辆警车停在那里，因为这里是当地酒后驾车引发交通肇事的重要源头，交警准备随时逮捕喝酒驾车的人。不一会儿，酒吧里一个年轻人摇摇晃晃地走了出来，费了半天劲儿才找到自己的车，车门好半天也没有打开，他围着车转了两圈后，再次用钥匙开车门，终于听见车辆发出了一声车锁开启的提示音。年轻人这才坐进车里，但他没有马上发动车辆，而是在车内不停地前后左右地晃动，好像在移动什么。

警车内的两名警察都聚精会神地盯着他，其中一名警察说："这家伙不是喝多了连怎么开车都不记得了，就是借着酒劲在偷窃。"另一名警察也随声附和。

这时年轻人将车发动了，两名警察瞬间下车，来到年轻人面前，快速打开车门，让他出示驾照，并且双头抱头。年轻人很配合地拿出了驾照后抱着脑袋，警察看过驾照后，又核对了车辆，没有异常，车辆也不是偷的。警察让年轻人进行酒精测试，然而结果是酒精含量为 0。警察瞬间知道自己被耍了，质问年轻人为什么没有喝酒却装出一副醉醺醺的样子，年轻人说："只是想看看会不会有警察，没有别的意思。"警察明白了，这名年轻人这么做就是为了吸引他们的注意力，好让真正喝酒的人驾车离开。虽然猜测的很对，却奈何不了这个年轻人，毕竟人家没喝酒、没违法，只是演了出戏而已。

可以想到，设计这个局的人一定是位博弈高手，知道利用虚假信息干扰对手。信息在博弈中扮演着至关重要的关键角色，参与者需要依据所掌握的信息做出决策。信息的准确性和全面性直接影响到参与者的判断和决策，进而影响博弈的结果。虚假信息作为一种策略工具，可以干扰对手的判断，从而影响其决策和行动。

在"二战"期间，盟军通过传播虚假信息成功地误导了德国高层，使其错误地认为盟军的登陆地点是在法国南部的加来，而实际上盟军选择了在诺曼底进行登陆。这一行动成功地分散了德军的注意力，为盟军成功开辟第二战场奠定了基础。

虚假信息的干扰作用在于，能够改变对手对信息的理解和处理方式。这种干扰可以改变对手的行动方向，使其偏离正确的决策路径，从而为参与者创造更多的机会和优势。

需要重点说明，既然虚假信息是用以迷惑对方的，因此虚假信息的设计和传播都必须慎重，并密切关注对方的反应和行为，一旦被对方识破，可能会带来严重的后果。

冒险反而是理性选择

博弈论中有"经济人"的概念，即具有绝对的理性，在具体策略选择时，目的也是使自己的利益最大化。要实现绝对理性，需要有三个前提条件：

（1）对可供选择的方案及其未来要无所不知。

（2）要有无限的估量能力。

（3）对各种可能的行动有一个完全而一贯的优先顺序。

很显然，这个世界上没有人能同时满足上述三个条件，即便满足一个条件亦不可能。因为人类的精力和时间是有限的，而世间万事万物的发展规律的变化是无限的，人不可能掌握所有的知识，不可能搜集到与事物相关的所有信息，也就不可能具有完全的理性。因此，在现实生活中，人在做决策时便是有限理性的。凡是企图做到绝对理性，企业通过获得充分信息，做出收益最优的决策行为，都被证明是过犹不及，绝对理性也变成了"绝对不理性"。

古希腊哲学大师苏格拉底的三个弟子求教老师，如何才能找到理想的伴侣。苏格拉底没有答复，而是让他们走进麦田，只许前进，不准后退，且仅有一次机会，去选择一株最好最大的麦穗。

第一位弟子走进麦田地里，看见一株又大又饱满的麦穗，很高兴地摘了下来。但他继续向前走时，发现了许多比他摘的这株更大更饱满的，但他已经没有机会了，只能遗憾地走出麦田。

第二位弟子吸取了第一位的教训，每当他要摘一株认可的麦穗时，就会想到"后面还有更好的"，结果快到终点了才发现大而饱满的麦穗都错过了，只能摘了一株一般的，悻悻地从麦田里走了出来。

第三位弟子吸取了前两位的教训，在麦田的前三分之一路程，给麦穗分档，确立大株、中株、小株的范围。在麦田地的第二个三分之一路程，根据前面区分的经验选择了一株大的麦穗。在麦田地的最后三分之一路程中，他只盯着自己摘取的这株麦穗，不再看其他的麦穗，满心高兴地走了出来。

这个故事很好地说明了理性和冒险是可以共存的。第一位弟子只有冒险，刚一开始就堵死了后来可以修正的机会。第二位弟子只有理性，但一直到最后理性也未能让他做出最理性的选择，他的"最理性"变成了"最不理性"。第三位弟子则兼具冒险和理性，前三分之一路程是为了做出"相对理性"的选择，中三分之一路程是进行了冒险的决定，后三分之一路程则屏蔽了"相对理性"和冒险之后后悔的可能。

因为行进的方向只能前进，行进的路程只有一条，所以无论怎么选择，都不可能选中麦田里最大的那株麦穗。在这种情况下，就不能有"绝对理性"，只能有"相对理性"，因此冒险就是必需的，必须在"相对理性"的情况下冒险选中那株让自己满意的。接下来就是让这次冒险的选择成为最终的选择，而不是让自己后悔的选择。

由此可见，理性并不排斥冒险，有时冒险是必要的理性选择。任何人在实际生活中，想要做好任何一件事，都须面对未知，这是不可回避的，而面对未知就意味着必须冒险。很多人在做事时，总是希望准备到完全再开始，于是就永远也没有开始了，原因就在于这个世界上从来就没有100%的准备，做任何一件事情，准备得再充分，也一定会有冒险的成分。

诺贝尔经济学奖获得者莱茵哈德·泽尔腾说："博弈论并不是疗法，也不是处方，它不能帮我们在赌博中获胜，不能帮我们通过投机来致富，也不能帮我们在下棋或打牌中赢对手。它不告诉你该付多少钱买东西，这是计算机或者字典的任务。"

进中有退，退中有进

一个成熟、明智的博弈者，必须事先对博弈的最坏结果有所估计，并不断告诫自己，遇到危险来临或失败已成定局时，必须马上退出博弈，以保存实力。即便是在博弈中占据了上风，也要懂得见好就收，让博弈得利"落袋为安"。如果是势均力敌的博弈，胜负未见之时，需要采用进退相宜的策略，让自己能够灵活应对博弈变局，该进的时候进，该退的时候退。

春秋时期，礼崩乐坏，周天子式微，强势诸侯崛起为霸主。齐桓公是春秋第一位霸主，打着"尊王攘夷"的旗号，为周边弱小诸侯国提供保护。南方的楚国凭借地理优势，也在不断壮大，不服齐国的霸主地位，不仅经常挑衅，还准备吃掉齐国的盟友郑国。为了反制，齐国联合鲁、宋、陈、卫、郑、许、曹等国，联合南下伐楚。楚国见齐国联军压境，形势对己十分不利，便派屈完出使齐国进行和谈。

齐桓公为显兵威，在演武场接见屈完。屈完问齐桓公："我国位于南海，你国位于北海，两地相隔千里，为何要兴兵前来？"

齐桓公身旁的管仲答道："从前，武王让召康公（周武王之弟）传令给齐国先祖太公，说五等侯、九等伯，如有不守法者，无论在哪里，齐国都可以前去征讨。现在是你们楚国公然违反王礼，不向周天子进贡。且当年昭王南征途中于楚国境内遇难，楚国君臣恐怕也脱不了干系。此次我们来到这里，就是要你们对不尊王礼和昭王遇难这两件事做出交代。"

屈完说："我国确实不该多年不向周天子进贡，但昭王南征遇难是因为战船沉没于汉水，与我国何干？你们若要兴师问罪，应该去找汉水！"

齐桓公不想与屈完做口舌之争，指着自己的军队，说："我齐国大军威武强悍，无往不利，若是兴兵讨伐，试问天下哪个国家能够阻挡？"

屈完不卑不亢地回答："如果用仁德安抚天下，诸侯会欣然听命。如果想凭借武力让诸侯屈服，别的国家不知道，则我楚国必将以方山为城，以汉水为池，齐国兵将再勇，又能奈我何？"

事情进展到这里，很多人会认为两国之间唇枪舌剑，后期必然是大动干戈。但最终两国选择了和谈收场，以齐国为首的八国与楚国订下召陵之盟。楚国表面上承认了齐国的霸主地位，齐国也不再报楚国屡次挑衅之仇。

不得不说，这是非常高明的解决之道。毕竟齐、楚两国是当时的大国，齐国虽然实力稍强，但面对楚国的决然之举丝毫没有必胜的把握，此次联合其他七国是想摆出一个进攻的姿态，表明自己进攻的态度。让其他国家看看，齐国"尊王攘夷"的大旗不是白打的，更不是为了谋取一己私利。齐国以周天子为尊的核心在管仲回答屈完的话中也能听出，管仲没有提楚国的屡次挑衅，而只是提起楚国如何对周天子不敬。出于这种想法，齐桓公和管仲在与屈完交谈时，并没有无限度地咄咄逼人，而是采用了警告加预告的方式，说明齐国大军有权力也有实力征讨天下任何不尊周天子的诸侯国。

与齐国进中有退的策略相同，楚国则是退中有进。楚国主动派遣屈完出使齐国，表明和谈之意，这是退的态度。但即便是退，也不能完完全全地退，那样就会陷入完全被动。所以当管仲和齐桓公分别用不同的方式想让楚国就范时，屈完都给予了回击，保住了楚国的面子，也争取到了最好的和谈结果。

进中有退的目的是退，但要退得强硬；退中有进的目的也是退，但要退得适度。进与退之间是博弈策略的体现，真正的博弈高手明白，真正的"进"往往伴随着适当的"退"，而"退"也可能隐藏着未来的"进"。

要真正做到"进中有退，退中有进"，还需要对人性有深刻的理解。因为人并非完全理性的，情感、偏见和经验都可能影响其决策。因此，一个成功的博弈者不仅需要精妙的策略，还需要对人心有深入的洞察。

将对手拖入绝地

在博弈中，每个参与者都在试图通过自己的决策来最大化自己的利益。因此，博弈思维的核心是预测对手的行为，并制定出相应的策略来应对。

预测对手的行为，看起来是一个相当复杂的议题，需要对对手有充分的了解，也需要对形势有准确的判断，才可能做到。但在现实中，很多人即使具备了上述两点，却仍然不能正确预测对手的行为，"运筹帷幄之中"仿佛只是一种心之所向。

其实对于预测对手行为这个问题，我们不应该做过于复杂的估算，因为即便千算万算，也一定有算不到的地方。我们的建议是，给对手制造陷阱，将对手拖入绝地，让对手改变策略。具体做法则是，通过给对手传递错误的信息或误导他们，让对手做出错误的判断，从而陷入我们的陷阱之中，并将陷阱越挖越深，让对手感到无从逃脱，最后以让对手制定出符合我们期望的策略为止。

伍子胥年轻时，因为家族被卷入楚国太子的叛乱中，祖父、父亲和兄长都被处死，他只身一人逃往吴国。就在他逃到楚吴边境时，在逃到距离昭关有一段距离的一座小城时被捉住，他被暂押在小城的监狱中。小城很小，是为了配合昭关防御体系而修建的纯军事堡垒，军官的官阶不高，统辖着几百名士兵。军官见抓到了画影图形羁押的人，自己可以升官发财了，非常高兴。但他又怕抓错了人，便到监狱里确认。伍子胥此时没有逃走的希望，但他大仇未报，不甘心就这么被押回都城斩首，他只剩下一招可用。

军官问："你就是伍子胥？"

伍子胥回答："是的。你可知楚王为什么抓我？"

军官回答："因为你家辅佐太子叛乱。"

伍子胥哈哈大笑："这只是大王贪婪的借口罢了。因为我家有一颗祖传的宝珠，夜晚时放置于月光下，呈现霞光万道、瑞彩千条。大王要我祖父将宝珠献出来，以保佑楚国江山。但宝珠早些年便已丢失了，我们虽然花费很多力气，也没有找回来。但大王不信，以为是我祖父不想献出宝珠，便诛杀我的家人，还给我们扣上了叛国的罪名。如今我的祖父、父亲、兄长皆死，大王一定认为这颗宝珠在我手上，才派人四处追杀。可我根本没有宝珠，如果你将我押回都城，我就说宝珠被你抢走吞进了肚子里。大王为了拿到宝珠，一定会将你开膛破肚，将肠子一寸一寸地割断。我是拿不出宝珠，但我死以前一定拉你做垫背。"

军官听到这些话，吓得满头大汗，再也不敢想加官领赏的事了，连夜将伍子胥偷偷地放了，对手下人就说是伍子胥打伤看守自己跑了。伍子胥继续向前逃到了昭关，留下了一夜愁白头的故事。

对于伍子胥而言，他身陷囹圄已是绝境了，此时他的心理状态就是鱼死网破，一定要拼力博一下。他将军官也代入了和自己相同的绝地中，让军官不敢再执行之前的策略。我们都知道，根本就没有宝珠这回事，这是伍子胥编出来吓唬军官的。但站在军官的角度，他一定会设想自己来到楚国都城后的情景。在面临危险时，人们总是会"宁可信其有，不可信其无"，因为"信其有"会让自己远离危险，"信其无"则可能让自己陷入危险中。

将对手拖入绝地必须同时满足两项条件，才能让这个策略更好地发挥作用。

（1）利用对手的弱点。通过针对对手弱点的攻击，让对手在应对过程中疲惫不堪，从而成功地将对手拖入绝地。

（2）制造紧张氛围。通过给对手施加压力或制造紧张氛围，让对手感到不安和焦虑，进而影响对手的判断和决策，使其更容易犯错。

正是人趋利避害的心理，才让这种博弈方式有了成功的可能。将自己的困境转化为对方的困境，或者将对方拉入进自己的困境中，自己一方的劣势就成了博弈双方的劣势，自己就从被动转化为主动，对方就由主动转化为被动，这样的交替之下，胜负的天平也就跟着转换了。

◆

第 09 章

利益博弈

融合不同的利益目标

利益博弈的核心在于如何协调和整合不同的利益目标，以达到共赢的结果。这需要各方具备开放和包容的心态，通过充分沟通，寻找利益的共同点。在利益博弈中，应注重建立长期的合作关系，以共同发展为目标。通过公平合理的利益分配，实现各方的长期合作与共赢。

猎鹿博弈：合作能带来最大利益

猎鹿博弈的理论来源于法国启蒙思想家让·雅克·卢梭所著的《论人类不平等的起源和基础》中，描述的是个体背叛对集体合作起阻碍作用。后来，该理论被博弈论引用，并接入生活的实际情况，使其更具有代表性。猎鹿博弈如下：

在古代的一个村庄里居住着两名猎人，为了简化问题，假设两人的猎物只有鹿和兔子两种。在古代，弓箭是最有效的狩猎工具，因此单独狩猎所获得的猎物通常较小，只有合作捕猎才能获得较大的猎物。假设两名猎人只有在合作的情况下才能捕获一只鹿，如果单人狩猎，每人最多只能捕获 4 只兔子。一只鹿可以让两人一起吃上 10 天，4 只兔子只能让一个人吃 4 天。

一天，两人相约共同打猎，进山不久便发现了一只梅花鹿，两人很有经验，知道只要堵死梅花鹿可以逃走的两个路口，就能捕获梅花鹿。正在两人协力围捕梅花鹿时，草丛中蹿出几只兔子，看到这些兔子的猎人甲若是选择去捕兔子，他可以抓到 4 只，但梅花鹿就会跑掉，猎人乙因为不知道猎人甲已经"背叛"了他们的合作，将会一无所获。猎人甲也可以不理会兔子，继续配合猎人乙捕猎梅花鹿，这样他们能够合伙获得更大的收益。如果是猎人乙看到兔子，也同样会有这两种选择。选择合作，两人能够获得 10 天的食物量；选择放弃合作，其中一人能获得 4 天的食物量，另一人则没有食物。

面对这样的博弈选择，恐怕思维正常的人都能做出猎鹿的选择，因为猎鹿的收获更大，可以吃 10 天，猎到兔子只能够吃 4 天。从经济学的角度来看，合作猎鹿比不合作猎兔更具有帕累托效率最优。获得 10 天食物量与获得 4 天食物量相比，不仅任何一方的收益都会增大，其他方的境况也将不受损害，每个人的利益都得到了提升。

在经济学中，如果在不损害别人的情况下改善任何一个人，就认为经济资源尚未被充分利用，即没有达到帕累托效率最优。在猎鹿博弈中，两人合作猎鹿的收益相对于分别猎兔的收益，明显可以在不损害任何人的情况下改善两位猎人的境况，因此合作猎鹿得到了帕累托改善。

当我们转换视角，思考合作的力量时，我们或许能够在这场博弈中发现更加持久和有益的解决方案。合作使得猎鹿博弈中的参与者能够共享资源和信息，这样的协作关系不仅有助于个体的生存，还有助于整个生态系统的平衡和稳定。合作能够创造出更加复杂和强大的生态系统，可以形成生态链条，实现资源的高效利用和再循环。

在现实中，合作的各方往往不能做到实力均衡，在此种情况下合作所取得的收益就应按能力和贡献分配。

假设猎人甲单独狩猎也能获得 10 天的食物量，猎人乙单独狩猎只能获得 4 天的食物量，两人合作则能得到 20 天的食物量，其中猎人甲分得 14 天的食物量，猎人乙分得 6 天的食物量。在这种情况下，两位猎人都会愿意合作，虽然猎人乙的收益远不如猎人甲，但合作所得到的食物量也要比他单独狩猎获得的食物量多。

再假设，猎人甲认为自己的狩猎能力强，想要重新划分合作打猎的收益，他提议自己得到 16 天的食物量，猎人乙得到 4 天的食物量。面对这样的情况，猎人乙选择了放弃合作，因为合作与否于他的收益都没有任何改善。

由此可见，想要在博弈中形成合作关系，要求双方必须有全局眼光，尤其是实力更强的一方，要能在自己的利益所得中让渡一部分给他人。这样做看起来是实力强的一方吃亏了，但以此交换合作得到的利益必然是增加的。这个世界上之所以会产生各种利益相关的合作，就是因为合作能让利益最大化，这也是合作可以相对稳固的基础。

金钱影响国会做出决定

美国总统选举中的竞选费用多数来自公司募捐，少数来自个人捐赠，因此选举结果可能会受到一些财团的影响。为了保证选举的公平，改革竞选费用募集办法的提议层出不穷，虽然多数都能得到民众和媒体的拥护，但最终结果无一例外的都是不了了之。例如，股神沃伦·巴菲特建议：消除个人募捐形式以外的所有竞选经费募集形式，公司、工会以及其他形式的团体募捐都应禁止。毫无悬念，这个提议也石沉大海了。

为什么会出现这种情况？明明是于国于民的好事，却始终得不到实施。因为改革经费募集办法的立法者正是现有募集办法的受益者，没有人会通过一个伤害自己的提案。

作为资本操作大师，巴菲特当然明白这个僵局，因此他也同时讲述了一个有趣的虚构故事，说明金钱是如何影响国会决定的。故事非常简单，只有一句话：假设有一个亿万富翁宣布，若是巴菲特提出的竞选经费募集提议得到了国会的通过，他将捐出 10 亿美元给投赞成票的政党。

这是借用"囚徒困境"给共和党和民主党设了一个局。通过第三方视角，我们明白两党其实都想投反对票。但作为当局者迷的两党并不能确定对方会怎么选，都怕对方投赞成票得到 10 亿美元。因为在二三十年前，10 亿美元对于政党竞选而言异常重要，哪个党得到了这笔巨款，哪个党在接下来至少三届总统选举中都会占据经济上风。因此，最好的结果自然是两党都不投赞成票，但最坏的结果是都不能保证对手是否会投赞成票而独得这笔钱。在这种没有退路的情况下，两党在不能充分保障自己利益的情况下，只能破坏别人的利益，因此都会投赞成票。

如果你认为这个例子的精彩部分到此为止，那就错了，因为更精彩的还在后面。因为富翁只承诺"捐出 10 亿美元给投赞成票的政党"，说明这

10 亿美元是要由某党独享的，但现在两党都投了赞成票，这富翁提出的条件就不成立了，富翁因此一分钱都不用出。

虽然这只是巴菲特杜撰的一个故事，却充分说明了博弈思维对于利益切分的重要性。面对利益人人都会有私心，正因如此，利益博弈便有了可乘之机。博弈思维虽然在形式上是对立的，但在操作中却可以将各博弈方的利益目标融合起来，使之形成利益链，若博弈失败，则对手得利，因此必须将这条利益链彻底斩断，使双方保持在同一水平线上。

让对手看到未来收益

一个年轻人到外地出差期间，来到一家理发店要整理下仪表。但这家理发店的环境着实不怎么样，地上到处是头发，洗头池中也有污秽，镜子也脏兮兮的。理发师傅坐在那里玩手机，看见有人进来才慢悠悠地说："理发呀！坐那儿吧！"

年轻人本想离开，但他在周围找了好久才发现这一家理发店，自己又赶时间，便说："我今天有急事，先刮胡子吧，后天再来理发。"理发师傅在年轻人的脸上抹了两下肥皂沫，三下五除二就刮完了。年轻人一看，这位师傅手艺不错，就是干活太潦草了，下巴底下的胡子都没有刮干净，他问理发师傅刮脸多少钱。回答是 5 元。又问理发多少钱。回答是 15 元。年轻人拿出 20 元钱递给理发师傅，并说不用找了。理发师傅见这位顾客如此大方，态度立即变了，笑盈盈地将年轻人送到了门外。

两天后，年轻人再来理发时，看到理发店的环境变得干净了，地上没什么头发，洗头池中没了污垢，镜子也光亮了。理发师傅笑呵呵地将年轻人迎进了店内，按照年轻人的要求认真理发。理完之后，理发师傅问年轻人还有哪里不满意。年轻人对着镜子前后左右地照了照，非常满意，然后对理发师傅道了声谢谢，便要离开。理发师傅赶紧凑上前来，面带笑容地对年轻人说:"还没有给钱呢?"年轻人装作一脸不解地说:"钱我前天一起给过了啊!刮脸5元,理发15元,我给了你20元,并告知今天来理发。"说完便离开了,留下理发师傅独自凌乱。

这个案例中,年轻人的聪明之处就在于,让对手看到了未来的利益,即便这个未来的利益是年轻人许给他的"空头支票",但这位理发师傅却相信了,于是一改往日作风,以为能得到一笔不错的收益。

原本理发只是一次性的博弈场景,顾客理完就走了。但年轻人却将一次性博弈转化为了重复博弈,给予对手获得未来收益的期望。且先刮脸,后理发,刮脸的收益小,理发的收益大,未来的收益要大于当下的收益,对于对手的诱惑性会更大。

重复博弈的特点就在于第一次制定策略时,须考虑到预期收益或逾期风险。重复博弈必须通过合作才能产生对未来利益的保障,等于将博弈的对手临时纳入到博弈同盟中,就如讨价还价时经常说的"下次我们还来买你的东西"或者"我会介绍朋友也来"。虽然这种话是为了配合让对方降价而说的,但其中包含的道理却是博弈论中的重复博弈和预期收益。那么如何实施这一策略呢?

首先,展示合作的价值和可能性是关键。在博弈中,如果一方能够向另一方清晰地传达合作的长期利益,那么对方很可能会选择合作而非对抗。这种传达不仅仅是口头承诺,更需要通过实际的行动和展示来体现。

其次,建立互信是"让对手看到未来收益"的核心。没有信任,任何合作都难以持久。在博弈中,展现出稳定、诚实和可预测的行为是建立互信的关键。这样,对手能够相信与你合作是安全的,不会受到背叛或欺诈的风险。这种互信一旦建立,将极大地促进双方的合作意愿和长期关系的稳定。

此外,"让对手看到未来收益"还要求必须具备战略眼光和耐心。在短期内,可能不得不做出一些妥协或牺牲,以换取长期的利益。这需要有足够的远见和决心，不被短期的诱惑或压力所左右。同时，保持耐心也是必要的，因为建立互信和实现长期合作一定需要时间。

最后，通过展示实力与诚意、提供可操作的共赢方案、持续沟通与反馈、适时展示决心等策略的实施，"让对手看到未来收益"才更具说服力和可行性。当我们真正做到这一点时，不仅能够提高自己在博弈中的竞争力，还能促进更为健康和持久的合作关系。而这正是博弈论所要教会我们的重要一课：运用智慧与策略实现长期的成功与和谐。

有限重复博弈阻止对手结盟

甲是一家手机生产企业的负责人，某一种主要零件由 A 和 B 两家企业供货，并且该零件是这两家企业的支柱产品。现在，甲希望降低 A、B 两企业产品的进货价格，他应该怎么做？

很显然，常规的价格谈判是难以达到目的的，因为两家企业不会轻易将支柱产品的价格下调的。在这种情况下，必须引入博弈思维，迫使 A、B 两家企业主动降价。最简单的方法就是让两家企业陷入"囚徒困境"之中，引导他们相互进行价格战，则手机生产企业便能坐收渔人之利。

具体做法是：宣布哪家企业先将这种零件的价格下调至 90 元以下，便将订单全部交给这家企业。A、B 两家企业得到消息后，都会分析，虽然降价会导致单位利润减少，但订单数量的增加会让总利润比以前有所提升，同时还能重创对手。此时，如果 A 企业选择不降价，而 B 企业会选择降价，B 企业就达到了最优策略效果，A 企业什么都得不到；如果 A 企业选择降价，B 企业的最优策略依然是降价，因为不降价就轮到 B 企业什么也得不到。将 A、B 两企业的处境颠倒，情况也是如此。于是，A、B 两企业都会选择降价，便陷入了"囚徒困境"相互背叛的情景中，得利的便是手机生产企业。

但是，"囚徒困境"中两名罪犯只有一次博弈的机会，所以相互间必然会背叛，而A、B两家企业的博弈并非一次性博弈，且现实情况远比模型复杂。起初，两家企业面对甲的出招，既惊喜，又惊慌，都想拿到这笔大订单，于是看到对方降价，自己也降价。但过了一段时间，两家企业发现，继续打价格战的结果只能是两败俱伤。也就是说，两家企业通过重复博弈，意识到了问题所在后，便从相互背叛走向了合作。这时，A、B两家企业达成了价格同盟，甲的策略就宣告失败了。

为了不让A、B两企业有达成价格同盟的机会，甲需要在出招时附带有限重复博弈的策略，具体而言，就是定下降价的最后期限和签订长期供货协议。定最后期限的具体做法可以是：要求A、B两企业在月底之前，必须做出降价与否的决定与降价幅度的承诺。这样就把重复博弈定性为了有限重复博弈，虽然有限重复博弈中对方相互间也可能会形成同盟，但因受时间所限，压迫之下的结盟概率将极大降低。

为了将对方在有限重复博弈中结盟的概率降到最低，甚至为零，甲必须趁对方还在相互背叛之际，与价格更低的一方签订长期供货协议，将通过"囚徒困境"得到的成果用合同形式固定下来。在此有一个问题必须注意，就是甲也是有限重复博弈的一方，也需要遵守有限重复博弈的规则——有限，即不能因为期望价格越低越好，而将有限重复博弈再次拉长为无限重复博弈，这样等于为对方的结盟再一次创造了机会。因此，甲需要为有限重复博弈主动按下终止按钮，也就是在A、B企业价格战的过程中，选中符合手机生产企业对该零件价格预期的那一家企业。

博弈是为了让己方通过对对方策略的正确分析和据此产生的正确应对策略，而让己方得到利益最大化。但这个最大化利益是相对的，不可能是绝对的，这个世界上没有可以赚到的最大利益，只要利益总和符合预期，甚至已经高于预期了，就说明达到了利益最大化。

而且，博弈不只是为了论输赢和定胜负，更多的是为了博取共赢的机会。因此，即便在取得利益最大化的基础上，也要懂得让利于对方。只有懂得利他，才能做到真正的利己。

"空手道"策略，在各利益方之间横跳

我们总能听到这样的抱怨：我没有资金、没有人脉、没有资源，怎么可能成功啊！

不可否认，资金、人脉、资源在一个人成功的道路上有着非常重要的作用。拥有这三项的人，虽然不能保证绝对可以获得成功，但其在通向成功的道路上会平坦很多。拥有三项中的两项，同样能为成功的实现带来极大助力。拥有三项中的一项，也一样会给自己的成功添砖加瓦。但是不是必须拥有这些，才有可能去梦想成功呢？没有的人，则一点机会都没有？答案当然是否定的。看看这个世界上白手起家的人，他们中的很多人生在平地上，只能靠自己一点一点地爬上高峰，有些人则生在谷底，先要爬出谷底才能再爬高峰。但是，总是有人会实现从谷底到高峰的蜕变，实现从"人+谷"的俗世价值观到"人+山"的高级价值观的逆变。

今天的经济社会，需要不断创新，成功人士在同样成功的道路上创造了许多令人瞠目结舌的案例。一些看似什么都没有的人，用一招"空手道"策略，将自己抛入利益的旋涡中，浪遏飞舟搏激流，财源滚滚而来。

20 世纪 80 年代中期，某市的一家大型无线电工厂跟风购置了一条彩电生产线。但因为当时彩电属于高技术产品，不是仅靠一条生产线就能生产的，还包括员工的生产技术能力、生产线的维护能力、产品设计能力、市场营销能力、售后能力等。因此，这条生产线从购入那天起就被搁置，该厂依然生产无线电配件。这条生产线占用了工厂大部分资金，虽然现金流仍可为继，但也影响到了生产经营，厂长要将这套"废品"卖出去换钱。

甲是一家私营企业老板，听说后立即找到该厂厂长，说自己要买这条

生产线。双方谈判，厂长开出的条件是：按原价的 70% 出售，一手交钱一手交货；甲开出的条件是：按原价 100 万元收购，但要求先货后款，一年后一次性付清。该厂需要资金，但看到对方开出的价格实在有诱惑力，毕竟在当时 30 万元的差价非常巨大，而且目前该厂的生产经营还能支撑，便同意了甲的条件。

甲得到彩电生产线后，立即联系一位急于添购彩电生产线的俄罗斯商人，但对方希望用游艇换取，甲同意了，四条游艇一共作价 100 万元（估算总价值为 120 万元）。甲得到游艇后，在国内江河航线上开办观光游览项目。在当时，游艇属于稀罕物，且都设置在重要的旅游胜地，四条观光线路都赚得盆满钵满。一年到期后，游艇赚到的钱已经远超 100 万元，付给了无线电厂 100 万元后，甲注册了一家房地产公司，继续以游艇赚到的钱买地建设酒店，扩大经营旅游项目。

通过这个案例可以看出，甲一分钱都没出，就从无线电厂得到彩电生产线，又通过和俄罗斯商人的交换得到了四艘价值更高的游艇，再通过游艇赚到了彩电生产线的购置费用和建设酒店的费用。可以说，甲通过融合无线电厂和俄罗斯商人的利益，并借用"空手道"策略在两个利益方之间横跳，将彼此需要的利益进行暗中交换，自己则实现了利益最大化。

当然，"空手道"策略还有很多的变化，只要我们拥有善于发现各利益方需求的眼睛，并能巧妙地将各利益方与自己串联在一起，就能在自己的主持之下实现多赢博弈。

双方利益绝对挂钩的互蕴关系

学者赵汀阳受孔子"和而不同"思想的启发，提出了一个使博弈双方利益关系绝对挂钩的策略，称之为"和策略"。具体解释为：对于任意两个博弈方甲和乙，和谐是互惠均衡，使得甲能够获得本属于甲的利益 A，当且仅当乙能够获得本属于乙的利益 B；同时，甲的利益如果受损，当且仅当乙的利益也将受损；并且甲获得利益改进 A+，当且仅当乙获得利益改进 B+；反之，乙获得利益改进 B+，当且仅当甲获得利益改进 A+。因此，反之，促成 B+出现是甲的优选策略，因为甲为了达到 B+就必须承认并促成 B+；促成 A+出现是乙的优选策略，因为乙为了达到 B+就必须承认并促成 A+。

"和策略"的互惠均衡所能达到的各方利益改进，均优于各自独立所能达到的利益改进。因此，从博弈逻辑上看，"和策略"是一个互相依存、互为条件的关系，相当于逻辑中的互蕴关系。

博弈论告诉我们，每一个主体，无论是个人、组织还是国家，都有其特定的利益目标和行动策略。在这些目标和策略中，常常存在着某些"弱点"和"利益点"，这些弱点和利益点在其他主体看来是可以利用的机会。

在地区性多国环境中，一些国家由于地理位置、资源禀赋、经济实力等方面的原因，相对较为弱小。这些国家在与其他大国的博弈中，很容易被视为弱势的一方。但实际上，如果策略得当，这些弱国也可以通过巧妙运用策略，将自己的利益与对方的利益挂钩，来打破大国对自己的压榨和话事权。

新加坡是一个岛国，国家即城市，城市即国家，虽然经济实力发达，但军事力量远不如周边国家。新加坡从建国起就很明确，别说与世界性大国对立，就是与周边国家对立也讨不到什么便宜。因此，新加坡的国策就是利用地理位置的特殊性——位于马六甲海峡的交通要道上，将之作为其纵横捭阖的博弈点。

新加坡扼守马六甲海峡，还是与周边国家和其他地区进行"过路费"谈判。虽然大国不会将这个弹丸小国放在眼里，但也不希望引发国际地区局部争端，尤其是在这么重要的地理位置上，那样其他大国都可能因为马六甲海峡不能顺利通行而遭受损失。于是，大国为了保持海上交通的顺畅，选择支付"过路费"。

新加坡本就经济发达，再加上海上交通线的收益，经济水平进一步提升，其他领域，如文化、科技、环境等方面，也因为有足够的投资而发展迅速。

在这个案例中，新加坡利用其特殊的地理位置，将自身的利益与大国的利益挂钩，转化为博弈中的突破点。通过与大国进行谈判和合作，逐渐改变了大国的策略和态度。

此外，博弈论还告诉我们，当博弈参与者之间的利益相互依赖时，参与者之间的决策过程和结果都会受到这种依赖性的影响。在这个案例中，新加坡与周边国家、世界其他地区之间的利益关系是相互依赖的：其他国家需要新加坡的地理位置，而新加坡需要其他国家的经济支持和保护。这种相互依赖性使得双方在博弈中都有所顾忌，给新加坡提供了利用这种依赖性的机会。

总之，双方利益绝对挂钩的互蕴关系是一种相互依存、相互影响的关系。在以这种关系进行博弈时，博弈参与者须保持沟通、协调和合作，以确保各方利益得到最大化的保障。

◆

第 10 章

逆向博弈

时间去而不返，思维可以回头

逆向博弈让我们明白，时间是必然流逝的，但时间所留下的事情本身一定有印记，我们可以让思维回头，从事件的反向角度去发现正向角度难以发现的问题，重新掌握博弈的主动权。

海盗分金：倒推解决复杂问题

大多数人对博弈方式的认知是常规性的，即线性思维，先假设自己怎样做，再据此假设对手会怎样应对，再据此假设自己应该如何应对……这种相继的行为惯性如同棋局对弈，对立的双方按照一先一后的次序行动进行博弈。

但博弈并不只是相继的，因为很多时候顺序博弈无法解决问题，需要调换思维，用相反的方式找出最佳行动方式，被称作"倒推法"。

关于倒推法，海盗分金的故事做了最精彩的诠释。有 5 名海盗抢来 100 枚金币，他们没有进行平均分配，而是确定了一个匪夷所思的分配规则，分为两个部分：

第一部分：抽签定位——以抽签的方式确定每个海盗的分配顺序，签号分别为 1、2、3、4、5；1 号海盗提出分配方案。

第二部分：按顺序提方案——由 1 号海盗提出一个分配方案，由 5 名海盗进行表决，如方案达到半数"同意"就被通过，否则 1 号海盗就被扔进大海；再由 2 号海盗提出一个分配方案，由剩余的 4 名海盗进行表决，如方案达到半数"同意"就被通过，否则 2 号海盗也被扔进大海；接下来 3 号、4 号继续提出方案，如果前 4 名海盗都被扔进海里，则金币全部归于 5 号海盗。

在分析海盗分金之前，我们需要假设海盗都具有非常理智判断得失的能力，海盗会严格遵守分配方案的规则，不会采取暴力争夺，且金币不可分割。

下面开始分析：按常规思维，在这个分配方案中，5 号海盗是最安全的，1 号海盗是最不幸的，因为海盗都会自私地从自己的利益出发，自然希望活下来的人越少越好，所以第一个提出分配方案的人能活下去的概率几乎为零。但 1 号真的没有任何机会了吗？ 5 号就一定是最有利的位置吗？
如果用博弈思维进行思考，会发现要解开这个对 1 号而言的死局并非难事，
只要从结果出发，倒推回去。

1 号海盗想要不死，必须让自己提出的分配方案能使其余 4 名海盗中
的两位处于博弈弱势地位的海盗同意即可，那么究竟是哪两个海盗处于弱
势地位呢？不能简单地认为如果 1 号死后，2 号就是弱势地位，2 号死后，
3 号就是弱势地位，因此 2 号和 3 号就是弱势地位。在这个博弈中，具体
哪位海盗处于弱势地位，会随着博弈情况的变化而变化，这同样需要从后
倒推分析得出。

首先，从假设仅剩 4 号和 5 号海盗开始分析。5 号海盗看似位置最有
利，却并不是对每个海盗的分配方案都会投反对票，因为当只有 4 号和 5
号海盗时，就意味着只要 4 号海盗"同意"自己提出的分配方案，就算通
过了。此时，4 号海盗一定会提出"自己获得 100 枚金币，5 号 0 枚金币"
的分配方案，然后自己投"同意"票通过。因此，这种情况下的金币分配
方案是【100，0】。

其次，再假设剩下 3 号、4 号和 5 号海盗的情况。3 号海盗通过分析已
经知道了自己被抛下海后，5 号海盗的不利处境，他会争取 5 号海盗同意
自己的方案，会提出自己得到 99 枚金币，4 号海盗得到 0 枚金币，5 号海
盗得到 1 枚金币。3 号海盗一定会"同意"自己的方案，5 号海盗因为能
得到 1 枚金币也会"同意"，4 号海盗一定会反对但也无济于事。因此，这
种情况下的金币分配方案是【99，0，1】。

再次，再假设剩下 2 号、3 号、4 号和 5 号海盗的情况。2 号海盗通过
分析已经知道自己被抛下海后，4 号海盗所处的不利位置。因为只要达到
"半数"同意即可通过方案，2 号海盗有两种方案：①笼络 4 号海盗，但也
不放弃 5 号海盗。分配方案是自己得到 98 枚金币，3 号海盗得到 0 枚金
币，4 号海盗得到 1 枚金币，5 号海盗得到 1 枚金币。2 号海盗自然会"同

意"自己提出的分配方案。4 号海盗知道，相比于将 2 号海盗扔下海后自己什么也得不到，这种分配方案还能得到 1 枚金币，他一定会"同意"。5 号海盗也保住了自己的收益，因此也会"同意"。只有 3 号海盗会反对这个分配方案，但改变不了结果。因此，这种情况的分配方案之一是【98，0，1，1】。②无视 4 号海盗，只笼络 5 号海盗。分配方案是自己得到 98 枚金币，3 号和 4 号海盗都得不到金币，5 号海盗得到 2 枚金币。这种分配方案下，5 号海盗的收益相比于 2 号海盗被扔进大海和 2 号海盗提出的另外一种分配方式都要多，他自然会"同意"。3 号和 4 号海盗都会反对，但因为 2 号海盗"同意"自己的分配方案，达到了"半数"，他们的反对同样改变不了结果。因此，这种情况的分配方案之二是【90，0，0，2】。通过分析可知，无论采用哪一种方案，2 号海盗的收益都是 98 枚，对他而言没有任何损失。

最后，再看看所有海盗都存活的情况。通过前面的分析，1 号海盗知道假如自己被扔进大海，由 2 号海盗提出分配方案，则 3 号海盗肯定什么也得不到，4 号海盗有一半的可能什么也得不到，因此，1 号海盗的分配方案就应该从处于博弈劣势的 3 号海盗和 4 号海盗入手，分给自己 97 枚金币，分给 3 号海盗 1 枚金币，4 号海盗 2 枚金币，而 2 号和 5 号海盗得不到金币。很显然，3 号海盗一定会"同意"这个方案，4 号海盗因为自己的收益比 2 号、3 号提出的分配方案中要多，也一定会"同意"。2 号和 5 号海盗一定不同意，但因为 1 号海盗必会"同意"自己提出的方案，所以三票对两票，方案便通过了。因此，这种情况下的金币分配方案是【97，0，1，2，0】。

最终结果有些难以置信，但却合情合理。原本看似处于最不利位置的 1 号海盗，不仅保住了性命，还得到了最多的金币；看似处于最有利位置的 5 号海盗，不仅未能坐收渔翁之利，还没能得到 1 枚金币，只是保住了性命而已。如果不从结果倒推，根本无法得出这样的结论，只能接受死局的结果。

必须采用倒推法来解决复杂的博弈问题，是因为从结果出发倒推回去，最容易看清什么是好的策略，什么是坏的策略，这也是逆向博弈的核心。知道了最后一步，就可以借助最后一步的结果得到倒数第二步应该选择什么策略，再由倒数第二步的策略推出倒数第三步的策略……

当然，海盗分金只是最理想状态下的情景，在现实生活的背景下，很难遇到所有博弈参与者都极具理性，并有很强的分析能力。我们重点阐述这个案例，是为了让大家更清楚地认识逆向博弈的重要作用。

蜈蚣博弈：倒推法的成立是有条件的

蜈蚣博弈也被称为"蜈蚣悖论"或"长臂悖论"，是一个经典的博弈论问题。这个悖论以蜈蚣为例，描述了一种看似矛盾的博弈现象，揭示了博弈论中的倒推法成立的问题。

倒推法必须在完美状态下才能被完全实施，如果过程中出现了不完美，则倒推法将不成立。这里所说的"不完美"就是"不合作"。

蜈蚣博弈是假设博弈的双方为甲和乙，双方轮流进行策略选择，可供选择的策略有合作与不合作两种。假定由甲先选择，然后乙选择，再由甲选择，再由乙选择……轮流交替。再假定甲乙双方的博弈次数为 N 次，甲和乙应如何进行策略选择呢？

合作的目的是增加博弈各方的利益，随着合作次数的增加，博弈积攒的利益会逐渐增加，此时哪一方先做出"不合作"的选择，将得到之前合作产生的利益中的大部分，甚至会得到之前合作的全部利益。这就是为什么很多合作中会出现背叛，就是因为背叛的得利要比继续合作多很多，这种诱惑在某些人看来是值得为之付出代价的。

蜈蚣博弈中的甲和乙会在什么时候背叛呢？我们用倒推法进行分析：假

设在最后一步，甲发现"不合作"将给自己带来更大的利益，所以"不合作"为优势策略；在倒数第二步，乙会分析甲在自己选择"合作"后的想法，于是明白甲选择"不合作"的可能性非常大，那么为了不让甲得到最大利益，自己必须抢先一步选择"不合作"；在倒数第三步，甲也会分析乙在自己选择"合作"后的想法，于是明白乙选择"不合作"的可能性非常大，那么为了不让乙得到最大利益，自己必须抢先一步选择"不合作"；在倒数第四步……一直倒推到第一步，甲理性的选择也将是"不合作"。

倒推法的结果令人遗憾，双方都鉴于对自己利益的考量，在第一步就不能达成一致。但在现实中，从一开始就选择"不合作"的情况并不多，因为从第一步就开始不合作，那么就不能将之视作一次合作，合作是必须至少产生了一轮的契约式策略对弈。

合作一旦开始，往往是合作的轮次越多，双方积攒的利益越多。假设蜈蚣博弈案例只进行了一轮博弈，甲和乙各自获得的利益为1，而进行到第50轮的合作，双方各获得的利益为50，进行到第100轮的合作，双方各获得的利益为100。背叛发生得越早，则双方可获得的利益越少，即便背叛方能获得更多的利益，也不会在合作的早期就背叛，那样自己的获利也相应很少。当然，蜈蚣博弈也只是讨论常规情况，现实中有一些情况是可以在一开始就选择背叛，仍然能让自己获利很大的。

即使多数人都知道合作越坚持到最后，自己的获利最大，但也很少能有人将合作坚持到底，大部分合作都结束在了某一次的背叛上。只要是理性的人，出于对自身利益的考虑和现实情况的需要，就会在某一步采取不合作的策略。

综上所述，蜈蚣博弈的对应情形是：博弈参与者不会在开始时确定自己的策略为"不合作"，但在合作的过程中，并不能确定自己在某一阶段采取"不合作"的策略。

蜈蚣博弈也揭示了博弈论中的一个重要问题：在某些情况下，即使博弈双方都理性地追求自己的利益最大化，也无法达到双方都满意的结果。因为任何一方采取最优策略都会导致对方采取同样的策略进行反击，从而陷入一个无法摆脱的循环。这也说明了倒推法的成立是有条件的，因为人的分析预测能力是有局限的，倒推法不可能适用于分析所有的动态博弈，如果在不能用的地方使用了倒推法，就会造成矛盾和悖论。

此外，蜈蚣博弈也暗示了一个普遍存在的社会现象：在某些情况下，博弈的双方为了争夺某个目标而进行的斗争可能会导致双方都无法取得真正的胜利。这种"零和博弈"的现象在现实生活中非常普遍，比如商业竞争、政治斗争等。

蜈蚣博弈给我们的启示是：在现实生活中，我们应该学会从不同的角度思考问题，以便更好地找到解决问题的方法。同时，我们也需要认识到，在某些情况下，即使我们采取了最优策略，也可能会因为对方采取同样的策略而无法达成目的。因此，我们需要学会在合作与竞争中寻找平衡点，以实现双赢的目标。

蜈蚣博弈也提醒我们：在追求个人利益最大化的同时，也需要考虑到对方的情况和利益。只有通过合作和协商，才能实现真正的共赢。

总之，蜈蚣博弈是一个经典的博弈论问题，它揭示了博弈论中的一些深层次问题。通过分析研究这个悖论，可以更好地理解博弈的本质和规律，从而更好地应对现实生活中的竞争环境。

人生规划的目标管理倒推法

问：一个人的年龄加上 12，再除以 4，再减去 15，再乘 10，等于 100。那么这个人多少岁？

一定有很多人用纸反复推演，从加上 12 的第一步开始向后推，最终一定能推出正确答案。但是这种正推法虽然对，却很笨，等于从一开始就将自己扔进迷茫中，用那些数字来回实验，以求得到正确答案。用这种笨办法做题可以，毕竟题做错了可以重新再来，做慢了可以继续努力，如果将这种思维延续到思考与人生规划相关的事情上，就不可避免地会走弯路和错路，若想纠正这样的错误，人生势必要付出更大的代价。

现实中，有太多的人都在为梦想努力，也常将"为梦想努力"的豪言壮语挂在嘴边，但如果进一步问他们：梦想是什么？就有很多人答不上来了。如果再进一步问他们：究竟应该怎样为梦想努力呢？大部分能答上来梦想是什么的人也说不清楚了。因为这些人根本就没有认真想过这个问题，自然也就不知道该如何努力才能真正踏上实现梦想的路径。于是，这个世界永远属于那些有梦想且知道梦想是什么、如何能实现梦想的人。

有梦想已经属于少数人了，但他们中的大多数还不知道如何才能实现梦想，这确实是一件令人感到遗憾的事！为什么会如此呢？原因就在于任何事情都只懂得采用正向思考，梦想是终点，却从起点开始思考，自然看起来犹如云里雾里。如果变换角度，从终点开始思考，就会发现原本看起来复杂的事情，其实并不复杂。

甲在大学里主修计算机信息管理，毕业后进入一家科学实验室工作。虽然工作不错，但他并不开心，因为他酷爱音乐，一直梦想成为一名优秀的音乐人，出自己的唱片。现实与梦想的巨大差距，让他迷茫不已，他也曾数次想要辞职，去追求梦想。但每次想到与梦想之间鸿沟般的距离，就退缩了，他都不知道该从哪里开始努力，也苦思冥想过多次，还是找不到方向。没有方向就辞职，等于摸黑赶路，想想都吓人。

一天，朋友问甲："想象一下，五年后你在做什么？"

甲不知如何回答。朋友又问："你心中最希望五年后的自己在做什么？那时候的生活应该是怎样的？"

甲沉思了一会儿，说："我希望那时候自己能有一张广受欢迎的唱片在市场上发行，并且居住在一个有着丰富音乐氛围的地方，每天与志同道合又能力匹配的人在一起工作。"

朋友说："多好啊，你有自己的梦想，我还没有找到我的梦想呢！你应该规划一下，如何实现梦想。"

甲说："我规划过好多次了，不知如何开始。"

朋友说："可以试着反过来，从五年后开始向现在倒推，看看每一年应该实现什么。你现在试着说说看？"

甲一边思考，一边说："如果第五年有一张唱片发行上市，那么第四年应该与一家唱片公司签约，第三年要有一个完整的作品能够拿给唱片公司视屏，第二年则要有出色的作品开始录音，第一年要将自己准备录音的作品全部编曲、排练，做好准备。"

朋友说："思路清晰了啊！再试试将第一年的规划更细分，最好详细到明天要做什么！"

甲的内心逐渐激动起来，有些急迫地说："第七个月应该将没有完成的作品修饰完美，自己从中逐一筛选；第四个月要进行下一批曲子的创作，并为此寻找灵感；第二个月则要把目前手头上的几首曲子完工；第一个星期要列出这个月的工作计划；明天我应该做的是去辞职，一个月交割期后就开始正式的音乐创作！"

我们且不论甲最终的职业走向，但从这条人生规划路线来看，做到了既清晰又详细，每个阶段应该做的工作都摆进了日程表，只要甲的能力允许，只要他足够坚持，虽然中间会有一些波折，时间表上会有差异，但他始终走在实现梦想的道路上。

用倒推法进行人生规划，如同将人生进行了统筹与预算，从此不再盲目地向前闯，那么这艘梦想之舟就不会搁浅在浩瀚的人生海洋之中。

在本节的最后，让我们再来回答开始时提出的问题，那个人的年龄是多少岁呢？答案是：将 100 先除以 10，再加上 15，再乘 4，再减去 12，最后等于 88 岁！

根据分量进行取舍

很多人在博弈时，只关注自己能获得的总体利益，却不懂利用总量利益与分量利益的对比后，获得差值利益。

一位老年人和一个年轻人打赌，老年人说："咱们相互问一样东西，对方不知道，就输 100 元。"

年轻人说："您见多识广，吃的盐比我吃的饭都多，这样赌您等于占便宜。要是我问，您答不上来，您输我 100 元。如果您问，我答不上来，我输您 50 元。怎么样？"

老年人觉得有理，就答应了，并让年轻人先问。年轻人也不客气，问道："什么东西三条腿还能在天上飞？"

老年人答不上来，输了 100 元。但他很好奇这个问题的答案，也向年轻人问了同样的问题。年轻人回答："我也不知道，这 50 元给您。"

很显然，这个年轻人非常善于运用博弈策略，计算过自己与他人博弈中的总量（对方输，付 100 元）与分量（自己输，付 50 元）后，通过总量兑换分量，让自己立于不败之地。

总量即博弈中所有参与者的总收益或总损失，分量是每个参与者所获得的收益或损失。在博弈中，常需要在总量与分量之间进行取舍，以实现自己的利益最大化。

首先，明确自己的目标和利益。在博弈中，每个参与者都有自己的目标和利益，这就需要根据自己的目标和利益制定策略，以实现自己利益的最大化。在考虑自己利益的同时，也要考虑其他参与者的利益，以避免陷入不利的局面。

其次，分析总量与分量的关系。在博弈中，总量和分量是相互关联的，以确定自己的策略和行动方案。如果一个参与者在总量上的优势能够弥补他在分量上的劣势，那么仍可以获得总体的利益最大化。

例如，在两方博弈中，一方通过降低自己的总量而提高另一方的分量，以实现自己的利益最大化。因此，需要了解对方的策略和行动方案，以制定相应的应对措施。同时，也要考虑自己的目标和利益，以确定是否值得采取这种策略。

另外，还要注意取舍的时机和方式。在博弈中，如果博弈的时机或方式选择不当，将会导致自己失去更多的利益或陷入不利的局面。因此，需要根据具体情况进行分析和判断，以确定何时取舍、如何取舍。

最后，要保持理性和冷静的头脑。在博弈中，情感和情绪往往会干扰判断和决策，而保持理性和冷静的头脑就能让我们避免被情感和情绪所左右。

总之，根据博弈的总量与分量进行取舍，是博弈思维中的重要一环。我们需要根据自己的目标和利益制定策略和行动方案，需要分析总量与分量的关系确定自己的取舍方案，需要掌握取舍的时机和方式以避免陷入不利的局面，需要保持理性和冷静的头脑以应对各种复杂的局面和挑战。只有这样，我们才能在博弈中实现自己的利益最大化并获得成功。

发挥长尾效应，与少数者为伍

聪明人之所以聪明，不在于智商有多高、手段多有巧，关键在于与众不同。他们解决问题的方法在他们尚未实施前，总是很少有人会想到，也总会有人认为解决问题的方法必将是非常高明、烧脑的。但在他们将谜底揭开之后，却总是引起人们的惊呼，因为他们的方法真的是太简单了，简单到甚至让人都不敢相信。

某音乐媒体在将软件正式上线之前，进行了一次规模性的数据统计，目的是要找到产品的最终定位。该音乐媒体通过 Rhapsody 音乐记录商将每个月的统计数据记录下来，并绘制成图。结果发现，其他音乐媒体软件都有相同的符合"幂指数"形式的需求曲线——一条由左上陡降至右下的倾斜曲线。左边部分隆起很高，但距离短促，代表人们对排在音乐排行榜前列曲目的需求；右边部分隆起很低，但距离很长，形似一条长尾巴，代表人们对排在音乐排行榜中后部曲目的需求。也就是说，左边短头代表非常流行的曲目，右边长尾代表不太流行或很不流行的曲目。很显然，短头流行的曲目会被大规模制作发行，长尾不够流行的曲目只是被小批量定制。

通过进一步统计发现，排在前边的短头流行部分的曲目约有 4 万首。这里就产生了一个博弈思维，即音乐软件拿到这 4 万首歌曲的版权后，其受欢迎程度会比仅拿到 1 万首流行曲目和 20 万首非流行曲目的音乐软件好吗？如果只从常理推断，显然拿到更多流行歌曲的音乐软件的受欢迎程度应该更高，但该音乐媒体在统计中发现，尽管那些排名在 4000 名以后的唱片销售量近乎为零，但在网上这部分需求却源源不断，那些排名在 10 万、20 万，甚至 30 万、40 万以后的曲目，都有相当多的人点播。而且在网络世界经营 40 万首曲目的成本并不比经营 4 万首流行曲目的成本要高出多少，因为越是排名在尾部的曲目，其版权费用越低，有太多曲目为了扩大播放量，都采用零版权费用。

因此，该音乐媒体将待发布的音乐软件的定位设定为"最流行+最冷门"，流行是要抓住热点吸纳用户，冷门是要通过"痛点"吸牢用户。该音乐软件在经营中也做过相关统计，只要在歌曲库中增加冷门曲目，就会有用户点播和收藏，尽管冷门曲目能吸引的用户十分有限，但因为冷门曲目的总量庞大，使得这些点播和收藏冷门曲目的用户的总量也十分庞大。

该音乐媒体的经营团队就非常聪明，没有选择与多数人在红海中拼杀，而是选择与少数人为伍，在蓝海中畅游。而该音乐媒体所采用的策略就是长尾博弈。

当商品的存储、流通的渠道足够宽广，商品生产成本急剧下降，并且商品的销售成本也急剧下降时，一些需求极低的产品，只要有人卖，就会有人买。因此，长尾理论的提出者、《连线》的总编辑克里斯·安德森认为，网络时代是关注"长尾"、发挥"长尾"效益的时代。

聚点概念缓解博弈的多重性

每一种真实的博弈形式，都会受到一些随机波动因素的影响，这就是博弈的多重性。在一个标准的博弈模型中，这些随机波动因素具体表现为独立的、连续的随机变量，每个博弈参与者的每个对应策略均对应一个随机变量，而每个对应策略所产生的收益也是不同的，匈牙利籍诺贝尔经济学奖获得者约翰·海萨尼将这个过程称为"变动收益博弈"。

变动收益博弈适用于不完全信息博弈，各随机变量的取值影响着每一个参与者的收益。变动收益博弈提供了对博弈多重性具有说服力的解释：博弈参与者在各种略为不同的博弈情形中以各自的独有信息或与其他博弈者共有的共有信息进行博弈。这就引出了协同博弈的概念，是博弈参与者相互之间形成的一种均衡，以破解博弈多样性产生的博弈死局。而在众多的均衡中，实际更可能发生的均衡，也就是能够解开博弈多样性死局的均衡，就是聚点。

甲和乙是一对异地恋恋人，一次两人通电话时，信号突然中断了。该怎么办呢？是甲给乙打电话，还是乙给甲打电话呢？

假如甲给乙打电话，则乙应该留在电话旁，且不要给甲打电话，才能接到甲的电话。但是，若此时乙也给甲打电话，则双方都是占线状态，电话便无法接通。同样的情况，假如乙给甲打电话，也是相同的推理情形。

再假如甲等待乙给自己打电话，则乙应该尽快打电话，且甲要守在电话旁，这样甲才能接到电话。但是，若此时乙也等待甲给自己打电话，则双方都是等待状态，将无法恢复通话。同样的情况，假如乙等待甲给自己打电话，也是相同的推理情形。

由此可见，博弈中一方的最佳策略，取决于另一方会采取什么行动。这个案例中有两个均衡：一个是甲打电话，乙在等待；另一个是乙打电话，甲在等待。

这两个均衡看似很简单，却不容易达成一致，闹不好就会出现同时打电话或同时等待的情况，这样博弈双方的变动收益都将为零。因此，打电话和等待这两个博弈条件，就是造成博弈多重性的随机变量。破解这个博弈多重性的关键因素就是聚点概念，找到那个最能解开博弈死局的均衡。例如，甲和乙可以在事前进行约定，即如果出现电话断线的情况，甲就给乙打电话，乙则等待。或者原来打电话的一方再次打电话，而原来接电话的一方则等待。

聚点概念并非只聚焦于一点，因为能够解开博弈多重性的均衡有时并非只有一种，我们不能只聚焦于一点，有时将多种均衡进行对比后，才能真正找到那个更适合破解博弈多重性的均衡。例如，甲和乙之前从未就电话断线后谁负责打电话进行约定（这种情况应该更为常见），因为在很多博弈场景中，博弈参与者事先就某种情况约定的情况只是少数。在这种情况下，甲和乙哪一方的电话费更低廉，哪一方就负责回拨电话。这种均衡是基于双方对对方的了解，但这种均衡更为合情合理。

通过上述分析可知，双方博弈成功且都能取得变动收益的原因，是预测到了可以缓解博弈多重性中的均衡，这种均衡正是最合适的聚点。

◆

第 11 章

问题博弈

找到高维频道，让问题消失

问题博弈是一种思考方式，通过从一个全新的角度看待问题，能够超越表面现象，深入挖掘问题的本质。在问题博弈中，需要摆脱常规的思维模式，挑战既有的假设和框架，以发现问题的根本原因和可能的解决方案。

鳄鱼法则：放弃决不罢休的驱动力

唐代李肇所著的《国史补》中有一则故事：

一位手艺人推着载满瓦瓮的推车艰难跋涉于通往渑池的路上，道路坑洼不平，再加上昨夜刚下过雨，更加泥泞难行。虽然手艺人百般小心，推车还是陷进了烂泥坑里。这条路本就狭窄，推车陷住后，直接堵死了道路，只有行人可以从旁通过，车辆都被堵住。手艺人使出浑身之力，又请旁人过来帮忙，也难以将车弄出泥坑，反而来回拉动导致轮毂越陷越深。

这条路从上午堵到中午，路上被堵的车辆越来越多，大家也越来越不耐烦，甚至有人要打手艺人。手艺人很委屈，可也毫无办法，这些瓦瓮是他辛苦制成的，要推进城去卖了换生活用品。就在事态逐渐升级之时，一位商人和他的仆人驾车经过这里，也被堵住，商人是要进城去见一位重要的人物，误了时辰可不得了。

看到这样的场面，商人直接走到手艺人身边问道："你算算这些瓦瓮一共能卖多少钱，我全都买了。"手艺人非常高兴，算好价格，报给了商人。商人爽快地付了钱，然后招呼仆人和周围的人将车上的瓦瓮全部扔进路边的泥地里。瓦瓮都扔掉了，空车就很容易被推了出来，堵路问题便解决了。

这位商人的做法值得被点赞，对于他而言，只用了很小的代价，就解开了一个困难的局面。很多情况下，我们也必须额外付出一些预料到的或未曾预料到的代价，有的代价小，有的代价可能较大，以帮助我们达到那个必须达成的目的。虽然付出了本不该付出的代价，但与想要达成的目的相比，代价是完全可以承受的。

我们都知道付出这样的代价是值得的，也是必需的。但在现实生活中，很多人却因为缺乏为更大利益做出小的牺牲的智慧和勇气，导致因小失大而无法达成目标。在这方面，买股票的人一定深有体会，虽然"止损"的道理人人都懂，但到了应该止损的时候，却总是无法及时做出正确的抉择，从浅套变为深套。当资金被大量套牢后，即便后续再有什么好的抄底机会，也会因为缺少资金而无法行动。

人们之所以总是舍不得止损，是因为人天生就有一种厌恶损失的心理。就像今天中奖得到 100 元的快乐，一定抵不过又丢失了 50 元的难受，虽然两者相减还是得到了 50 元。再者，人还有一种不做完一件事决不罢休的驱动力，导致人们无法接受自己只是把看似对自己有利的事情只做到一半，如同案例中推瓦瓮车的手艺人和除了商人之外的被堵者。手艺人是绝对不会自损瓦瓮的，那是他辛苦制作出来用以求生的，因此情有可原。而其他被堵住的人中，也不只有后来出来解围商人的这一位有钱人，但即便他们想到了解围商人那样的做法，还是舍不得让自己遭受损失，因此宁愿被堵在路上。

其实，正是这种"趋合心理"让人们落入了"鳄鱼法则"的陷阱中。"鳄鱼法则"来自对鳄鱼捕食习惯的研究。鳄鱼捕食的最致命招数是死亡翻滚，将咬住的动物的肢体从躯干上撕扯下来，被咬住的生物挣脱得越厉害，鳄鱼的咬合便越用力，撕扯的伤害性也越严重。采访侥幸能从鳄口逃生的人，他们的做法无一不是放弃被咬住的肢体，甚至有人会自断手臂，借机逃生。虽然"鳄鱼法则"有点血腥，但大自然的生存法则就是残酷的，若不能在最关键的时刻采取最正确的行动，就有可能满盘皆输。

博弈思维正是教会我们如何在关键时刻通过博弈找到最佳策略，但有一个必要前提，就是放弃无意义的坚持，决不罢休的驱动力并非任何时候都是正确的。就像遭受致命攻击的壁虎，断尾求生才是最好的选择。我们在面对一些非常糟糕的境遇时，也应学会舍弃该舍弃的，将自己从不利的局面中解救出来。

边缘策略：故意创造风险

边缘策略的由来是在冷战时期，形容一种近乎要发动战争的情况，也就是到达战争边缘，从而说服对方屈服的一种战略术语。后被引用到博弈理论中，指故意创造一种可以辨识却又不能完全控制的风险。因此，边缘策略的本质在于故意创造风险，迫使对手妥协，甚至在必要时直接将对手带至灾难的边缘。

陆象先在担任刺史时，家中一名仆人在街上遇见他的下属参军时没有下马，这个参军怒斥仆人没有礼貌，命人鞭笞仆人。仆人虽然有过失，但也不至于遭如此重责，因为参军只是下级官员，且仆人也不认识这位参军。参军也觉得自己太冲动了，害怕上司会因此责难自己，便主动找到陆象先认错，说："我不该一时冲动打了您的仆人，下官有错，请大人责罚。"

陆象先早知此事，心中也有不悦，但既然对方已经知错了，自己作为地方大员，若为家仆而为难下属，于理不合，毕竟不管下属认不认识参军，没有下马却是事实。但若不给这位参军一点颜色，自己在下属中的威信就会受到挑战，以后或许会出现故意找事的刺头。鉴于这些原因，陆象先还是要警告一下，便说："仆人见到你不下马，打也可以，不打也可以。你打了仆人，罚也可以，不罚也可以。"说完便不再理睬这位参军，径直离开了。参军不知如何是好，好像头顶上的剑始终悬着，此后收敛了很多。

双方有了矛盾，首选一定是要解决矛盾，解决矛盾的方法有很多，常规做法是就事论事地评判和主动做出让步，但很多时候这两种方式未必是最好的。因为你想就事论事，对方未必配合；你主动让步，对方未必领情。

很多人在解决不了矛盾时，就会气血上头，将矛盾升级，若对方也不后退，则终将导致两败俱伤。但解决不了矛盾就一定要将矛盾升级吗？有没有一种方式可以将矛盾虚拟升级，即创造一种风险，并借助这种风险警告对方，再这样下去，自己就要不客气了？这种虚拟的矛盾升级就是边缘策略，但要让对方相信矛盾继续下去会出现非常大的风险，大到对方无法承受。

因此，边缘策略的核心思想是，通过改变游戏规则或引入新的不确定性因素，使对手难以预测和控制局势，以改变对手的行为。边缘策略的运用需要具备高超的技巧和判断力，因为它涉及在不确定性和风险之间找到平衡点。在博弈论中，每个参与者都试图预测对手的行为，并据此制定自己的策略。

边缘策略的应用范围广泛，不仅适用于商业、政治和军事等领域，还可以应用于日常生活中。例如，在商业谈判中，一方可能会故意制造一些紧张气氛或提出一些不可预见的要求，以迫使对手做出让步。同样地，在人际关系中，通过故意改变自己的行为或言辞，可以改变对方对自己的看法和态度。

总之，边缘策略是一种高超的博弈思维，通过正确的运用，可以更好地应对各种挑战和竞争环境，在博弈中取得成功。

预见各方策略，寻得转机

博弈是一场相互的、反复的较量。因此博弈者不能沉湎于自己的韬略中，而是要在指定策略之前，必须认真考量对方的策略。如果对方尚未使出策略，则应根据博弈形势、博弈环境、博弈利弊、博弈得失和博弈惯性等情况，预测对方的策略，再根据预测出的对方策略确定自己的策略。

本节标题是"预见各方策略"，说明博弈并不总是两方。在现实世界中，很多博弈参与者要多于两方，因此在进行策略预测时，不能忽视博弈的任何一方，哪怕是看起来人畜无害的一方，也必须有所预见，否则就有可能被出其不意地反杀。

在《三国演义》中，诸葛亮在鱼腹浦石头阵退敌的故事，就是通过对博弈各方策略预见之后做到的。当时的蜀国被陆逊施计火烧连营，几十万大军全军覆灭，刘备率领残兵败将向白帝城败退，陆逊率吴国军队在后紧追不舍。当吴军追至鱼腹浦时，走入一个乱石阵中，顿时飞沙走石、漫天黄土，周围杀声震天，却不见蜀国一兵一将，吴军被困入阵内。若非隐士高人黄承彦相助，怕是要被困死在阵内。

陆逊走出来后，不想再追击了，命令班师。手下大将多有不解，认为刘备兵败势穷，困守白帝城，正可乘势追击，岂能见石阵而退，功败垂成？陆逊解释说："我并非惧怕石阵，只恐魏主曹丕奸诈无比，乘虚而入，袭我江东。我若深入西川，极难退守。"

魏、蜀、吴三国中，魏国实力最强，但吴国和蜀国也并非不堪一击。若是两两火并，势必要同时小心第三方。其实，在蜀国兴兵伐吴开始时，魏国就一直在注视这两国的动静，就等两国两败俱伤之时，才出兵攻击。此时，蜀国大败，但蜀地难行，并非魏国的第一目标，魏国在等吴国的下一步行动。

试想，如果没有魏国，那么吴国一定会趁着蜀国惨败之际，大举进犯蜀国腹地。但因为魏国的存在，即便蜀国正面临亡国之危，却难以形成亡国之实。陆逊显然非常明白魏国构成的必要制约，只要吴军长驱直入攻打蜀国，等于将吴国的精锐都带入西川鏖战了，魏国必然会从长江北岸大举进攻，此时陆逊再想从西川撤军就困难了。

诸葛亮之所以敢在鱼腹浦布置石阵，而不派一兵一卒驻守，并不是对石头阵有绝对的信心，而是对吴国和魏国有绝对的信心，更确切地说，是对吴国主将陆逊和魏主曹丕有信心，他知道曹丕一定会陈兵吴国北部边境等待机会，也预料到陆逊一定不敢率军攻入蜀国而给魏军留下攻吴的机会。

陆逊作为代表吴国参与博弈的第二方，预料到魏国在坐观吴、蜀交兵成败后的行动，还属于常规的博弈思维。诸葛亮作为代表蜀国参与博弈的第一方，既预料到了魏国这时的行动，也预料到了吴国会根据魏国的行动所采取的应对策略，就属于非常规的博弈思维了。可以说，陆逊看到了问题的第一层，也用常规频道解决了问题；诸葛亮则看到了问题的更高层，也用更高维的频道直接让问题消失了，挽救了危机中的蜀国。

这是非常典型的三方博弈，相互之间都需要预见彼此的策略，才能根据彼此的反应制定出对自己最有利的决策。

集中己方优势，突破对方弱势

围魏救赵的历史典故大家都很熟悉。魏将庞涓率军围攻赵国都城邯郸，赵求救于齐，齐王命田忌、孙膑率军前往救援。孙膑认为魏军主力在赵国，国内必然空虚，便率主力攻打魏都大梁。庞涓得知后，不得不从邯郸撤军，回救本国，路经桂陵要隘，又遭齐军截击，几乎全军覆灭。

这个典故后来泛指袭击敌人后方的空虚据点以迫使进攻之敌撤退的战术。因此，围魏救赵通常被视为一种兵法，但这种集中己方优势击敌弱势的战术更是一种博弈思维的体现。

在双方博弈中，无论是实力相当或是强弱有别，都可以通过集中己方优势攻击对方弱势的博弈策略取得博弈的成功。就像围魏救赵博弈中的孙膑，因为当时的魏国经过了李悝变法后，一跃成为战国中最强的诸侯，且魏国武卒强悍无比，加上庞涓名满天下，以齐军的实力，若是正面对抗，胜面不大。在这种情况下，孙膑仍然找到了魏国的弱势之处，集中优势兵力，一击而中。

美国普林斯顿大学的博弈论课程中有一道题：一次军事演习中，红方需用两个师攻占由蓝方三个师驻守的一座城市。假设该次演习的最小单位为师，不能再往下分割。再假设红方与蓝方各师的单兵素质、人员数量、装备数量和后勤供给完全相同，因此一个红方师与一个蓝方师的战斗力完全相同。由于战争中多是"易守难攻"，因此当两方人数相等时，一定是守方获胜。只有红方人数多于蓝方人数时，红方才能获胜。

红方进攻蓝方有两个方向，蓝方防守红方也是这两个方向，分别是 A 方向和 B 方向。这样，红方的进攻策略便有三个：

策略（1）集中两个师进攻蓝方防线的 A 方向。

策略（2）集中两个师进攻蓝方防线的 B 方向。

策略（3）兵分两路，一个师进攻蓝方防线的 A 方向，另一个师进攻蓝方防线的 B 方向。

据此可以得出，蓝方的防守战略为四个：

策略（1）三个师集中防守 A 方向。

策略（2）三个师集中防守 B 方向。

策略（3）两个师集中防守 A 方向，一个师防守 B 方向。

策略（4）两个师集中防守 B 方向，一个师防守 A 方向。

在这个博弈中，红方与蓝方皆有严格劣势策略。先说蓝方的严格劣势策略，蓝方如果选择策略（1）和策略（2），就明显劣于策略（3）和策略（4）。如果红方不分兵，则红方有一半的获胜概率；如果红方分兵，则红方就有百分之百的获胜概率。红方的严格劣势策略则是兵分两路，因为分兵后各进攻方向只有一个师。如果蓝方分兵，则红方没有任何获胜概率；如果蓝方不分兵，则红方有一半的获胜概率。

通过上述分析可以看出，无论哪一方想要获胜，都必须抛弃己方的严格劣势策略。蓝方若想获胜，就必须分兵把守。红方若想获胜，则必须集中优势兵力。红方虽然可以借助蓝方采取的劣势策略而分兵获胜，但在博弈中都会对对方的策略进行预测，红方会预见蓝方绝对不会选择对己方不利的劣势策略，因此蓝方必然会选择分兵驻守，这种情况下红方则必然不可分兵。且红方自己的严格劣势策略也是分兵进攻，同样也说明了红方不可分兵。当蓝方分兵，而红方不分兵后，红方若能以两个师对阵蓝方的一个师，便会获胜。

兵法中以弱胜强的道理就是这样，虽然某一方总兵力占据优势，但也并不能保证在各个局部都占据优势。而总兵力处于劣势的一方，只要巧妙地集中优势兵力，一样可以在局部制造出以弱胜强的局面。

在多方博弈中，则很少存在各方都势均力敌的情况，在强弱各异的情况下，处于弱势位置的一方只要能够团结其他弱势方，也能以弱胜强。《三国演义》中的赤壁之战，就是弱势的孙刘联军击败了强大的曹军。即便是各方势力相当，仍然可通过相互联合的方式，找到对方的弱势，达到一击而中的目的。民国时期，广西呈现三足鼎立的局面，各方兵力基本相当，最终李宗仁借陆荣廷和沈鸿英在桂林鏖战之际，先袭击陆荣廷的老巢南宁，陆荣廷被迫逃往湖南。后李宗仁又和白崇禧、黄绍竑合作，将沈鸿英、谭浩明等广西实力派一一剪除，成为"广西王"。

在战略和战术层面，集中己方优势、突破对方弱势是一种常见的有效方法。这一策略的核心在于，利用自身的优势力量，针对对手的弱点进行打击，从而取得决定性的胜利。

解决不了矛盾，就激化矛盾

在现实生活中，矛盾无处不在、无时不有。有时候，我们面对的矛盾似乎难以解决，陷入进退两难的境地。然而，有一种思维却可以让我们在解决不了矛盾的情况下，通过激化矛盾来找到新的出路。

小区里有户人家养的狗，总是嗷嗷狂吠。有些人感到厌烦，就去这户人家拜访，希望主人能好好管自己的狗。但这家主人的态度颇为无礼，说狗有它的性格脾气，不是人力能为的，所以自己也管不了。先后几家人都去过，这家的主人依然无动于衷。邻居虽然很气愤，但也不能采取极端措施，看起来这是一个解决不了的问题了。

一天，在传出犬吠声的单元楼道里出现了一张"告示"，上面写着："不乐意就卖房子去别处住啊！穷就别嫌狗吵！"整个单元里的人都看到了这条告示，大家都有些被激怒了，再看到犬吠的这家人，眼神都变了。面对着邻居的一股股怒火，这家人终于知道收敛了，也开始管自己家的狗了。很快这条狗老实了很多，不再没事乱叫唤了。

这件看似无法解决的事，被一张"告示"轻易地拿下了，那么这张"告示"是谁张贴的呢？如果仅看内容，好像是狗主人贴的，就为了向邻居示威。但从结果来看，这张"告示"起到的作用是让狗主人不再猖狂了，好像这张"告示"就是奔着狗主人去的，很显然狗主人不会贴出一张对自己不利的"告示"。因此可以确定，这张"告示"一定是其他邻居中的某一户贴的，目的就是将矛盾激化，让大家的怒火暴露出来，以众人的整体压力迫使狗主人就范。

这种激化矛盾的博弈思维是基于竞争和对抗的思维方式。在博弈中，参与者为了实现自己的目的，通过激化矛盾的方式将对方的弱项揭露出来，在对方不得已妥协后，己方获得更大利益。激化矛盾的博弈思维需要一些正确的方式方法来实现，否则被激化的矛盾就真的成了无法解决的更大的矛盾了。下面是一些详细的步骤解读。

第一步：明确博弈的目标和利益——在解决矛盾之前，必须明确自己的目标和利益，同时也要了解对方的利益和目的，以便制定合适的策略和行动方案。

第二步：分析矛盾的性质和程度——在激化矛盾之前，需要对矛盾的性质和程度进行分析，如此才能更好地制定激化矛盾的策略和行动方案。具体来说，可以采取一些措施让对方感受到更大的压力和危机感，从而让对方在博弈中妥协。

第三步：注意激化矛盾的时机和方式——在激化矛盾的过程中，必须选择正确的时机和方式，否则将导致矛盾进一步激化或出现不可预测的后果。因此，需要根据具体情况进行分析和判断，以确定何时激化矛盾、如何激化矛盾。

第四步：必须切分原始矛盾与激化矛盾——在激化矛盾后，需要以理性判别矛盾的性质，尤其要注意前后不同的矛盾，前面的矛盾是对方引发的，后面的矛盾则是自己引发的，需要解决的始终是对方引发的原始矛盾，明确目标才能让博弈始终保持正确的方向。

总之，通过激化矛盾寻找新的出路是有效的博弈策略，是具有普遍适用性的思维方式。它可以帮助我们在面对难以解决的矛盾时，找到新的出路并实现更大的利益。当然，在激化矛盾的过程中必须始终做到谨慎行事，以避免不必要的风险和损失。

把各种不确定性变成相对确定

参与博弈者掌握的信息并不对称，博弈各方对信息的拥有非常不平均，有的参与者甚至什么信息都不知道，而有的参与者则几乎掌握所有信息。造成信息差距的主要原因是私人信息的存在，某个信息相对于你是私人信息，因此别人就很难知道，而某个信息相对于他人是私人信息，因此你很难知道。只要私人信息存在，无论对过去、现在、未来的决策而言，都具有不确定性。

无论是对于个人还是组织，只要处于博弈中，拥有的信息越多，越有可能做出正确决策。理想状态下，应该每个人掌握差不多的信息，但客观现实则是少数人掌握关键信息，多数人无法得到准确信息。

信息的不对称性，让通过信息的交流和沟通成为一种障碍，人们无法通过自身努力去把握不确定性，导致一些事情难以进行。

"二战"爆发后，美国开始增加募兵数量，但美国青年的参军热情并不高，毕竟战争是要死人的，每个人的生命却只有一次。无论征兵广告换了多少茬，从爱国情结到个人荣誉，再到生命价值，能阐述的理由都说了个遍，征兵的现状却未能得到一点改善。

为什么会这样？可以从很多方面去分析，分析的结论也都有道理。但核心原因是信息的不确定性，人们认为政府提供给自己的信息不足，自己并不能预估参军后的风险。因此，存在大量不确定性风险时，决策就具有风险。如果自己做决策是在不确定的条件下进行，就会出现从迷雾中看问题的视角，做出的决策也会带有迷雾性。对于你死我活的战场，任何不确定性都会让人打退堂鼓。

僵局终于在一则新的征兵广告发出后得到了改善，广告词如下：

"来当兵吧！当兵其实并不可怕。应征入伍后，你无非有两种可能：有战争或没有战争。没有战争有什么可怕的！有战争后又有两种可能：上前线或不上前线。不上前线有什么可怕的！上前线后又有两种可能：受伤或不受伤。不受伤有什么可怕的！受伤后又有两种可能：轻伤或重伤。轻伤有什么可怕的！受重伤后又有两种可能：可治好和不可治好。可治好有什么可怕的！治不好就更不用怕了，因为你已经死了！"

当时"二战"刚爆发，美国并没有参战，所以广告的第一句就等于给大家吃了一颗定心丸。而广告的最后一句，看似又写到死亡，这是最令人恐惧的，但经过中间一连串的伏笔，人们意识到，参军上战场的死亡概率并不高，无非是众多情况中的一种而已。

决策的风险性，不仅取决于不确定性因素的大小，还取决于产生收益的性质。也就是说，风险是从事后的角度看，不确定性因素造成的决策损失。而这则征兵广告，通过抽丝剥茧的分析，将参军的各种不确定性变成了相对确定，将参军的风险对人的影响降到了最低。与这个案例类似，在生活中的其他状况下，只要人们在内心对最坏的情况有了思想准备后，就更有利于应对和改变可能发生的最坏情况。

多数情况下，我们无法掌握影响未来的所有因素，但能在获取的信息增加后，提升决策的正确率和收益率。

◆

第 12 章

选择博弈

没有正确的选择，只有使选择正确的行动

选择博弈，不仅是权衡利弊的过程，更是价值观的体现。我们常在多种可能性中摇摆，担忧选择是否正确。但实际上，正确的选择并不存在，只有使选择正确的行动。我们要学会做出符合自己价值观的选择，并勇敢地为之努力。

概率陷阱：过度抉择就是负和博弈

在我们的日常生活中，决策是不可避免的一部分。我们每天都在不断地选择，从早餐吃什么，到工作、娱乐以及投资等各种活动。然而在这些选择中，我们往往会被一种名为"概率陷阱"的现象所困扰。这种陷阱表现为过度抉择，即过度考虑各种可能性，以至于无法做出有效的决策。这种现象尤其是在涉及博弈时，可能导致负和博弈的结果。

蒙提霍尔问题，也被称为三门问题，就是一个经典的概率陷阱案例。问题的情境如下：

有三扇关闭的门，其中一扇后面有一辆汽车，另外两扇后面是山羊。参与者选择其中一扇门，但并不打开。主持人知道每扇门后面是什么，打开其中一扇后面是山羊的门，参与者被问是否要坚持最初的选择，或者改变到另一扇未被打开的门。

概率陷阱分析：直觉上，可能认为初始选择和另一扇门的概率是相等的，各为 50%。然而这是一个陷阱。

正确的解释：在初始选择时，参与者有 1/3 的概率选中汽车，而有 2/3 的概率选中山羊。当主持人打开一扇门后，不改变选择的概率仍然是 1/3，而改变选择的概率则为 2/3。这是因为主持人的行为提供了额外的信息，改变了未被选择的门的概率分布。

在这个问题中，概率陷阱在于直觉上可能误导人们做出错误的决策，而支持我们做出错误决策的深层动机是过度抉择。

在面对多个选择时，人们往往会产生过度抉择的行为。主要表现为对各种可能性的过度考虑，以及对结果的过度担忧。在这种情况下，个体往往过于关注自己的利益得失。

股市投资者在面对多种股票时，常常会陷入过度抉择的困境。他们可能会对每一只股票的各种可能的走势进行深入的分析和研究，试图找到最佳的投资机会。然而，这种做法往往导致他们无法做出有效的决策，甚至因此错过最佳的投资时机。此外，如果投资者过于关注短期的收益，而忽视了长期的投资价值，那么整个投资回报率将会受到影响，进而引发更多的短视行为与负和博弈。

人的一生中会面临太多的选择，然而任何选择都没有完美可言，再深思熟虑的选择也会留下遗憾。所以，我们应该做的，不是找出完全正确的选择，而是要让自己的选择尽可能正确。

避免或减轻过度抉择是脱离概率陷阱的最好方法，需要从思维和行为两方面进行矫正，才能达到最好效果。

（1）明确目标和限制条件：在做出决策之前，首先要明确自己的目标和限制条件，这可以帮助自己更好地评估各种选择，并找到最符合自己目标和条件的选项。

（2）做好信息收集和分析：在面对多个选择时，需要做好信息收集和分析工作，可以帮助自己更好地了解每个选项的优缺点和风险收益比，从而做出更有效的决策。

（3）培养长期视角：必须关注博弈事件的基本情况和长期利益，而不是短期的博弈利弊。通过长期视角，可以降低短期的博利行为对博弈的影响，并获得更好的博弈回报。

（4）接受不确定性：需要接受不确定性是博弈过程中不可避免的一部分。在做出决策时，需要做好应对各种不确定性的准备，并学会在不确定的环境中做出最有利的决策。

总之，概率陷阱是博弈思维的常见心理现象，可能导致过度抉择与负和博弈的结果。必须避免或减轻这种现象的影响，才能在复杂多变的博弈中做出更有效的决策，实现更好的个人收益和整体效益。

逆流而上，用影响力高举高打

20 世纪 50 年代，松下电器已经从最初的不知名的小品牌，发展成了享誉世界的家电品牌。当时，一家后起的家电品牌突然宣布降价 30%，试图用低价策略抢占松下电器的市场份额。这样的招数对于松下而言并不陌生，因为二十年前松下电器崛起时就是用的薄利多销的策略。但这家后起的家电品牌忽略了一点，就是彼时松下电器的竞争对手并没有实施薄利多销，松下电器采取薄利才能达到多销的目的。而成功之后的松下电器始终没有抛弃低价策略，并在此基础上没有放松对产品质量和售后服务的要求，正因如此，松下电器才能迅速成长为世界级大品牌。

因此，在对手出招进行低价搏杀时，松下电器产品的价位已经是低位运行了，对手在这个价位的基础上再降价就无法确保盈利了，松下电器正是基于对这一点的正确认知，才对对手的降价策略不予理会，只是要求再进一步保证公司的产品质量和服务质量。松下电器还借此机会向世界客户发布公告，表明自己将永远保证产品质量与服务质量，这一举措起到了稳定消费者的作用。后来，松下电器反而宣布一些产品的价格要稍稍上涨，因为确保产品质量和服务质量的成本有所提升，企业为了确保继续为用户提供高质量的产品与服务，因此只能被迫涨价，但已经尽力将涨价的幅度压制至最低。

如此经过几个月的较量，虽然对手争夺走了一些消费者，但因为对手并未实现盈利，反而亏损严重，导致企业难以为继。而松下电器这边借用自身的巨大影响力，逆流而上，以涨价策略反而让消费者更加相信自己，因为人的天性总是认为"更有名的更好""更贵的更好""更不易得到的更好"。

因此，松下电器之所以在价格策略上选择逆流而上，最主要的原因是对自己品牌话语权的绝对信任。消费者愿意信任一个品牌，是因为对这个品牌的产品质量和服务质量有信任感，而松下电器恰恰满足了这两点。这一做法给了我们启示，如果企业对自己的产品和服务有信心，就可以不必跟风降价。

究竟什么样的价格定位才是合理的，这一点不仅要从企业的角度去考虑，更应该从消费者的角度去考虑。对于消费者而言，最好的价格策略未必一定是低价格，产品和服务的质量同样需要考虑在内，如果产品质量不好或者服务质量不高，抑或两者兼具，那么低价位对于消费者也不能带来所需的价值。正因如此，高价格也不一定就是损害消费者的利益，如果高价格中包含了产品质量和服务质量，则仍能给消费者带来价值。

总之，消费者虽然很想买到极具性价比的产品，但也同时相信一分钱一分货的道理。让消费者感到物有所值才是最应采用的定价策略。

局面有利时，跟随策略让选择变得简单

俗话说："先下手为强，后下手遭殃。"说明在一些情况下，抢先下手的一方能够让自己占据主动，而后下手的一方只能根据先下手一方的策略被动应对。如同进行比赛，先下手的一方处于进攻位置，后下手的一方处于防守位置，进攻不利不至于输掉比赛，而防守不利则会直接输掉。这就是先下手的优势，可以更有利地将优势转化为胜势。

但在现实中，选择先发的也未必一定能制人，后发的一方也不一定就制于人。因为先发虽然能够抢占先机，但也会更早地暴露自己的行动，让对手更容易观察出破绽。在博弈中，哪怕是一点点的破绽，可能都会导致局势的逆转。因此，我们并不赞成在任何时候都选择先发制人，尤其是在自己占据有利局面时，完全可以凭借掌握的优势采取跟随策略，迫使对方先行动、先暴露，我们只在后面跟随，不给对方以正面与己对战的机会，

也就等于让对方丧失了可以翻转优劣的机会。

耶鲁商学院学教授、博弈论专家巴里·奈尔伯夫在其所著的《策略思维》中讲述了自己的一个故事，就是对跟随策略最好的解读。

奈尔伯夫在大学毕业时，参加了学校的"五月舞会"。现场活动之一便有赌场下注，参加者每人得到 20 元筹码，截至舞会结束时，收获最大的人将会获得一个意外的惊喜。赌场下注的最后一轮是轮盘赌，输赢取决于轮盘停止转动时小球落在什么地方。轮盘上刻有 37 个（0~36）格子，通常玩法有两种：①赌奇偶数：小球落在奇数格子和偶数格子上，赔率是一赔二，赌 1 元获胜可得 2 元（含本金）；②赌三倍数：小球落在 3 的倍数的格子上，赔率是一赔三，赌 1 元获胜可得 3 元（含本金）。赌偶数取胜的概率是 19/37，赌奇数取胜的概率是 18/37，赌三倍数取胜的概率是 12/37。

到最后一轮轮盘赌时，奈尔伯夫有 700 元筹码，占据第一名。第二名是一位来自英国布里斯托尔的学生，他有筹码 300 元。如果是赌奇偶数，则第二名即使全部筹码都押中，也不可能获胜。只要奈尔伯夫留下 601 元筹码不押，而第二名押中后最多也只有 600 元筹码，他就可以获胜。

因此，第二名只能选择赌三倍数，虽然获胜概率小但也别无选择，如果押中，则第二名将拥有 900 元筹码。此时的奈尔伯夫只须采用跟随策略，先确定了第二名已经选择押三倍数后，将自己的筹码中的 400 元留下，用另外的 300 元也押三倍数。如果第二名押中，则奈尔伯夫也押中了，此时第二名将拥有 900 元筹码，奈尔伯夫将拥有 900 元筹码+400 元筹码。如果第二名没押中，则奈尔伯夫也没押中，此时第二名的筹码为 0 元，奈尔伯夫的筹码则是所剩的 400 元。

由上述分析可知，如果奈尔伯夫不选择跟随策略押三倍数，则他也有通过押中获胜的可能，但同时也有输掉的可能。但他选择跟随策略，则不论自己是否押中，他都将获得最后的胜利。

在这个下注游戏中，先下手者却处于不利的位置，跟随者反而占据主动。因此，对于是否应该先发制人必须结合具体情况来判定。尤其是在自己处于优势地位时，着急的一定是对方，自己则更可以稳坐钓鱼台。后发制人有利于推算出对手将采取的策略，让自己处于更有利的地位。

不给别人选择的机会

人的行为有一个非常奇怪的特性，就是有得选的时候特别纠结，而没得选的时候特别果断。买东西时最为常见，平时犹犹豫豫的不知该不该下单，但在"双11"时却不再犹豫了。除了"双11"期间不少商品确实便宜一些这个显性原因外，还有一个不怎么为人所知的隐性因素，即"双11"给人一种无形的紧迫感——今年不参与，就得再等一年。这种紧迫感给人们带去一种没有选择的错觉，要么就赶紧买，要么就错过。博弈成功的一个关键因素就是要给对方制造一种压力，让对方不得不妥协。商家借助"双11"和用户博弈，也是通过不断制造压力，当压力积累到一定程度后——距离"双11"越来越近时，平时还在犹豫到底需不需要这件商品的想法瞬间就不见了，想到的只是要拥有这件商品，否则错过了就没机会了。

给选择的机会，就等于给了犹豫的机会、否定的机会；而不给选择的机会，就相当于封死了犹豫和否定的机会，剩下的就只有认可和接受。

1785年，法国北部发生饥荒。军方药剂师法尔孟契因为战争期间被俘的经历，了解了土豆易种植、易成活、易加工、易食用的特性，大力推广土豆。但因为土豆是来自美洲的东西，在欧洲人看来如同受到了玛雅的诅咒，认为土豆是有毒的东西，因此即便挨饿也绝不种植。当时的法国皇帝路易十六将这位药剂师召入皇宫，并在亲自尝过土豆后，决定推广。但同样地，即便政府出面为土豆澄清，仍然未能改变人民对这种奇怪东西的偏见。

后来，法尔孟契想到了一个办法，就是命人在一块贫瘠的土地上种植土豆，但同时派重兵把守，严禁一切除种植人员以外的人靠近。居住在附近的人看到一大队士兵昼夜看守着一小片种植园，打听后才知道种的是土豆，一下子都对土豆产生了兴趣，纷纷前来窥视。但士兵们很尽职，绝不让不相干者靠近，大家只能在远处看着。时间流逝，这一小片土豆渐渐成熟了，法尔孟契带领种植人员开始收获，每天炊烟缭绕地烹制土豆。此时不只是附近的人，有些人从很远的地方赶来只为看看被诅咒的土豆是什么样的。这时距离饥荒爆发已经一年多了，人们的生活越发艰难，吃不饱的折磨让人们对土豆的兴趣更浓厚了。白天会被士兵驱逐，那就晚上来偷，不少人成功"偷"到土豆，回到家立即埋锅造饭，当香喷喷的土豆吃到嘴里时，一切谣言便不攻自破了。土豆好吃，土豆没毒，法国很快掀起了种植土豆的热潮，饥荒很快得到了控制。

小小土豆在法国先后经历了三次推广，才得以被广泛种植。前两次的主动都失败了，最后的被动却成功了。主动推销虽然看似占据了主动，就是给对方或选择接受或选择不接受的权利，让渡选择权的直接后果就是博弈失败。而被动地不推销只是看似被动，却一下子堵死了对方的选择权，切断选择权的直接后果则是博弈的胜利。

下 篇

博弈智慧

　　博弈智慧揭示了不同情境下策略选择的重要性。在不同的博弈场景中，同一个参与者可能会采取截然不同的策略。这就要求博弈参与者需要在理解自身利益的同时，理性地预测其他参与者的可能行为，并根据这些预测制定出最优策略。

| 第 13 章 |

◆

社交博弈

所有的关系都是起伏的

社交博弈是指人们在社交场合中为了实现各自的目标而进行的互动和竞争。在社交博弈中，人们需要通过分析社交博弈的特点和影响因素，并运用各种策略和技巧来影响他人的决策，以帮助人们在社交博弈中保持灵活性和应对能力。

理性博弈，感性并肩

人到底是理性多一些好呢，还是感性多一些好呢？如果仅从博弈的角度看，一定是理性多一些更好，因为绝对理性可以带来绝对分析，进而得到绝对的结果。博弈论所有模型和理论也都是"理性人"的假设，因为唯有绝对理性才能让人们清晰地看到，做决策时如何利用理性分析得到利益最大化。

但问题是，现实中的人几乎可以肯定是不够理性的，其实大多数人都是感性偏多的，因为理性需要综合能力的支撑，不具有综合能力的人，就是想要理性也达不到。生活中也充满了各种奇奇怪怪的现象，我们总会莫名地陷入两难境地，怎样选择都不是最佳的，此时就需要借助博弈思维进行分析，但因为个体的不够理性，分析更多带有感性色彩，但你会发现，感性占多数的博弈中，同样也能将利益最大化。导致这种现象发生的根本原因就是给予感情基础。

甲和乙是一对恩爱夫妻，今天是周末，晚上中央 5 台转播一场甲非常关注的英超球赛，但同时还有一部乙非常喜欢的音乐剧在剧院演出。那么这个周末该怎么度过呢？

一个非常理性的选择就是：甲在家看球赛，乙去剧场看音乐剧。这样一来，好像两个人都得到了最大利益，但问题是两人想共度周末，分开是他们最不希望的。因此，如果双方各做各的，即便都实现了各自想做的，但因为是分开的，则双方的收益也是最低的（假设都为 0）。如果决定两人一起看球赛，则甲的收益是 2，乙的收益是 1；如果两人决定去看音乐剧，则甲的收益是 1，乙的收益是 2。在这两个均衡中，无论哪一方胜利都属于"温柔的独裁"，因为收益为 1 的那个人虽然没有看到自己想看的，但还是达到了"共度周末"的预期。

由于这对夫妻是相爱的，会更多考虑对方的感受，不仅要"共度周末"，还要"愉快地共度周末"。因此，甲不想勉强乙和自己一起看球，因为乙一点都不喜欢球赛，还是看音乐剧吧，那样乙会开心；乙也不想勉强甲和自己一起看音乐剧，因为甲也不喜欢音乐剧，还是看球赛吧，那样甲会开心。因为相互间的关爱，导致他们陷入了两难境地。如果双方都不希望对方不舒服，最后可能既看不成球赛，也看不成音乐剧，导致两人的收益降低（假设都为0）。

此时，产生了两个疑问：一个是夫妻双方分开去做各自喜欢的事，虽然未能共度周末，也算是有收益的，为什么假设收益是0呢？另一个是夫妻双方共度周末，虽然什么都没做，也算是有收益的，为什么也假设收益是0呢？

看球、看音乐剧和共度周末是两组大前提，只有同时满足两组，才能达成夫妻"愉快地共度周末"的预期。即甲和乙或者一起看球，或者一起看音乐剧，虽然有一个人会不太开心，但不影响两人能"愉快地共度周末"的预期，这种共度周末就是同时满足了两组大前提，因此收益一方是1，另一方是2。如果只满足了看球或看音乐剧，或者只是满足了共度周末，两人都会不开心，就不符合"愉快地共度周末"的预期，因此双方收益只能是0。

从收益方面看，夫妻可以理性博弈，但必须感性并肩，才能将自己的收益最大化。这对夫妻因为不是最理性的，确实相亲相爱的，都会为对方着想，可以通过抓阄的方式选择两个节目中的一个，让其中一个人的收益最大化，另一个人的收益也不会为0。

把选择权交给命运，赢了的不会觉得有内疚感，输了的也心甘情愿，而且小小的博弈过程还会增进夫妻间的感情。由此可见，在这种无论采取哪一种策略都不会达到双方收益最大化的局面下，双方都选择较弱策略（抓阄）时，双赢反而可以出现。

好的情感不是为了感动别人

在博弈中，每个参与者都会基于自己的利益选择最佳策略。恋爱中博弈思维同样适用，恋爱中的双方都在不断地试探、揣摩对方的心理，试图找到一个对自己最有利的策略。

然而，恋爱中的人们往往容易陷入一种误区，即认为好的情感应该能够感动别人。他们认为，只有通过展现自己的柔弱、无助、善良等特质，才能赢得对方的同情和爱慕。这种想法其实是一种博弈思维的误区。

首先，感动别人并不等于赢得爱情。在恋爱中，如果一味地追求感动别人，可能会让对方觉得你是在演戏或者是在刻意讨好他们。这样的行为不仅无法赢得真正的爱情，反而会让对方觉得你虚伪、不真实。

其次，最好的策略应该是基于自己的利益选择的。在恋爱中，如果你选择表现出自己柔弱、无助的一面来试图赢得对方的爱慕，那么你的行为实际上是基于对方的反应来决策的，这是一种被动的方式。而博弈思维倡导的是主动地选择自己的策略，根据自己的价值观和目标来做出决策。

甲和乙是一对恋人。甲很坚强，遇到困难时总是积极应对，从不轻易认输或者向人求助。乙比较脆弱，经常需要别人的关心和支持。乙觉得甲不够温柔体贴，不够爱自己，于是经常试图通过表现出柔弱、无助的一面来赢得甲的爱慕。乙常在深夜给甲打电话，说自己需要甲的安慰和支持。开始时，甲还会耐心地给予安慰，但是渐渐地，甲开始觉得乙的行为有些过分，有演戏的感觉，甚至觉得乙并不是真心地向自己求助，而是在试图控制自己的感情。

这个例子告诉我们，好的情感应该基于自己的真实情况、价值观和目标来选择，遇到困难时必须积极应对，而不是为了感动别人而刻意改变自己。如果我们为了追求爱情而刻意改变自己，那么我们的行为就会失去真实性，无法赢得真正的爱情。

另外，好的情感也应是一种平等的博弈。在恋爱中，如果一方的行为只是为了迎合另一方的喜好，那么这种行为就会导致双方地位的不平等。博弈思维认为，最好的策略是平等的、相互的。在恋爱中，双方应该平等地参与博弈，各自选择自己的策略，而不是一方迎合另一方的喜好。

丙和丁是一对恋人。丙比较内向，不太善于表达自己的情感。丁比较外向，喜欢分享自己的生活和感受。丙认为丁的行为很有趣、很可爱，但是也觉得自己很难做到像丁那样善于表达自己的情感。于是丙开始尝试改变自己，变得更加外向、善于表达自己的情感。丙经常和丁分享自己的生活和感受，试图迎合丁的喜好。开始时，丁觉得丙变得越来越有趣了，但是渐渐地，丁觉得丙失去了原有的可爱和纯真，丁不喜欢丙为了迎合自己而改变了自己原本的个性。

在这个例子中，丙试图通过改变自己来迎合丁的喜好，但是这种行为导致了双方地位的不平等。丙失去了原有的可爱和纯真，而丁则觉得丙不再是自己最初认识的那个人了。

通过两个具体的案例分析，我们明白了好的情感应该基于自己的真实情况和平等的博弈思维来选择最佳的策略。如果我们为了追求爱情而刻意改变自己或者迎合对方的喜好，那么我们的行为就会失去真实性或者导致双方地位的不平等，从而无法赢得真正的爱情。

在枪弹横飞之中保持回旋空间

清朝末年，湖广总督张之洞和湖北巡抚谭继洵关系不睦，导致湖广地方的许多政令难以执行。虽然总督比巡抚高半级，但同为封疆大吏，总督也没有资格惩治巡抚。

一天，张之洞和谭继洵偕湖广地方官员在黄鹤楼宴饮，席间有人提到此段长江江面宽窄的问题。谭继洵说自己曾在书中看过，这段江面的宽度是五里三分，张之洞看不惯谭继洵得意的样子，便故意说这段江面的宽度是七里三分，说自己曾派人测量过。于是，两人相持不下，其他官员也不敢出面调停，两人越争越凶，甚至到了打赌定生死的程度。身为总督的张之洞为了压过低自己半级的谭继洵，命人快马前往江夏县衙召县令来断定裁决。

江夏县令陈树屏听来人说明情况，顿感天旋地转，两位湖广最大的官员的争执，竟然要自己去判定输赢。且不论自己判定的对与错，单就这件事而言，自己根本就不敢下断言，但不断又是不可能的。到底该怎么办呢？他一路飞马赶往黄鹤楼，途中想着对策。首先，张之洞和谭继洵都不能得罪，所以不能给出正确答案；其次，自己又不能含混不清，还必须给出一个答案。那么，既不能是正确答案，又不能不给答案的情况只能有一个，就是给一个两方都不得罪的答案。

打定主意的陈树屏，赶到黄鹤楼，面对张之洞和谭继洵的同时质问，他缓缓说道："江面涨水时，宽是七里三分；江面落水时，宽有五里三分。抚台大人看的书上记录的是落潮时的宽度，制台大人派人测量时则赶上了涨潮。"听了陈树屏的答案，张之洞和谭继洵终于有了台阶下，毕竟谁能真的蠢到为了一个赌注就输掉性命呢！况且若是较真到底，五里三分和七里三分都不对，就真的麻烦了！

可以看得出，陈树屏虽然只是县令，却深谙博弈之道，即便两位上司已经争执得枪弹横飞了，自己却巧妙地周旋于战场之外，未加入任何一方。原本自己是处于两方争执的夹缝中，是最不利的，但因为自己不选择加入争执的任何一方，却让自己能够化被动为主动。因为只有保持自己的含混态度，才能保持一种对争执两方的威胁态度。就像在一些股权设计失败的案例中，常有小股东坐大的情景，即两个大股东都未占据过半数的股权（如甲股东占47%，乙股东占48%），而丙股东虽然只占有很少的股权（假如只占5%），此时丙就成了决定甲乙二人对于企业控制权的关键，只要丙选择不站队，而是根据自己的利益反复横跳，就能成为企业的隐性控制人。

因此，保持置身事外是一种博弈优势，能够让自己从不利的位置转为有利的位置。只要存在数据庞大的竞争对手，实力更高者往往会被实力更低者反制，就是因为实力更低者让自己有足够的回旋空间，可以让自己在冲突阶段仔细观察形势，始终让自己处于有利的位置。

向冷庙烧高香

古代有个人非常贫穷，他最大的心愿就是想发财。一年到头剩下几个铜板，就为了买一张财神画像。一年春节前，他又出门买财神去了，那天很冷，他衣衫单薄，冻得瑟瑟发抖，路上不小心被石头绊了一跤，额头、手肘都摔破了，买财神的铜板也被甩了出去，只找回了一枚。他拿着仅有的一枚铜板来到集市上，但根本买不起财神。

他坐在路边，越想越生气：自己供了这么多年财神，一点点小财都不发不说，还如此不顺，那我还供他作甚，不如供穷神吧。想罢，他忽地站起来，想到小时候家里老人说起哪儿有座穷神庙，他当即赶了过去。一看之下，不禁感慨，这哪里还是庙，残垣断壁、荒草丛生。他在荒草丛中好一顿找，找到了一尊一尺多高的穷神像，同样破败不堪，且肮脏污秽。他对着穷神神像喃喃地说："咱俩都是穷命！我不嫌弃你，你也别嫌弃我，我要你！"

他将穷神抱回家，用清水冲洗后，放在了破破烂烂的供桌上。拿出一根往年只舍得给财神上的香，点燃插在残缺的香炉里。晚上躺在冰冷的床上，他的思绪有些复杂，觉得自己一怒之下供上了穷神，好像有些冲动了。不知不觉睡着了，在梦里，他看见了激动不已的穷神。穷神带着哭腔对他说："这么多年了，终于有人肯供我了！你放心，穷神也是神，我会回报你的。"果然，从此以后他交上了好运，各种财富从天降，很短的时间他便富甲一方。

这个故事听起来有些不可思议，谁能放着财神不供，去供穷神呢！但仔细想一想，有几个人了解穷神呢？穷神是啥样都没人知道。

虽然有些荒诞，但这个人的做法是有博弈论依据的。去门庭冷落、香火不旺的寺庙，同样是烧香拜佛，这里的神佛一定会特别注意到你。将冷庙烧高香的理论运用到社交中，就是人们常说的"锦上添花易，雪中送炭难"。一个人正值春风得意之时，来捧热场的人太多了，他能注意到谁呢！一个人正在败走麦城，来的都是看热闹和落井下石的，此时去暖冷场，暖到人心才能交到人心。

因此，"向冷庙烧高香"是一种策略性的行动方式，结合博弈思维，这种行为有其深远的意义。

首先，让我们理解"向冷庙烧高香"背后的博弈思维。在博弈论中，有一个概念叫作"投资博弈"，强调在信息不对称的情况下，通过投资于那些未来可能对自己有利的对象，以获取更大的回报。而"向冷庙烧高香"正是这种思维的体现。当我们选择在别人落魄时提供帮助，我们实际上是在进行一种投资，期待在未来得到回报。

其次，这样的行为对拓展人脉有巨大的价值。在人际交往中，真诚的帮助能够建立深层次的信任，这种信任又为未来的合作和共赢提供了可能。

胡雪岩年轻时在一家钱庄当伙计，一次偶然的机会，他认识了当时还很落魄的王有龄。王有龄家境艰难，因为没钱打点，只能混迹于官场底层，但胡雪岩认为王有龄是有能力的人，只是缺少一个机会。当得知王有龄有一个机会可以升迁时，胡雪岩冒着很大的风险私自在钱庄拿了一笔银子送给王有龄。这才有了王有龄后来的平步青云，终成主政一方的封疆大吏。而胡雪岩的生意因为有了王有龄的照顾，也很快成了红顶商人，登上了大清首富的宝座。

胡雪岩的行为是一种投资，他预见到可能的互利关系并付诸行动。而结果也正如他所预期的那样，他的投资得到了巨大的回报。正所谓，度人度己，度己度人，人人都是贵人。

值得注意的是，"向冷庙烧高香"并不意味着盲目地投资所有可能的对象。在实际操作中，需要有选择性地进行投资，确保付出的帮助能够真正产生价值。这就需要我们具备判断力，能够识别出哪些人或事真正值得我们投入。这种选择性既有助于提高我们的投资效率，也有助于降低风险。

综上所述，"向冷庙烧高香"结合了博弈思维和人际关系管理的理念，为我们提供了在复杂的人际交往中取得成功的关键策略。通过投资那些可能在未来对我们有价值的对象，不仅能建立宝贵的人脉网络，还能树立值得信赖的形象，进一步扩大自己的影响力。

带剑契约保证关系有效

你是否遭遇过这样的情况：

例如，与朋友约定 9：30 在某某地见面，但对方总是会稍晚一些才到；又如，召集一次集体活动，通知大家 13：30 在某某地集合，但总是有人拖拖拉拉的 14：00 了还未抵达；再如，借别人的东西，约定了什么时间还，但到期限了仍不见归还，且索要就翻脸……

遇到这样的人，我们只能暗中告诫自己，要么不与其交往，要么带着防备之心交往，搞得自己既心酸又心累。于是，很多人也走上了这条"不守约"之路，并发现原来这样做真的对自己有利。试想，如果大家在交往中都是如此随性不遵守约定，人际交往将成为怎样的不堪场景！

下面将这种生活中的场景代入到工作中，如果老板召集活动，规定

13：30 集合，就很少见到有人会迟到，即便是有迟到者，抵达后也是一副诚惶诚恐的样子，生怕受到斥责。为什么日常生活和工作中同样是迟到，但主人公的状态却完全不同呢？原因就在于生活中的约定没有"带剑"，而工作中的约束则"带剑"了。

生活中的人际交往都是出于自愿，谁和谁进行了什么约定，某一方不遵守也没什么，不会遭受任何惩罚，顶多就是面子上过不去而已。而工作中的各种行为则是命令式的，公司规定怎样做，老板要求怎样做，如果不遵守就会依据规定受到惩罚。因此，生活中的约定没有惩罚之剑作为保障，而工作中的约定有那柄规则之剑予以保障。

人们都是不愿意或者害怕遭受惩罚的，那柄"宝剑"的力度越强，则对人的威慑力越强。但在生活场景的人际交往关系中，没有什么权限范围用以设置这柄宝剑，毕竟我们都没有惩罚别人的权利。但若是只靠个人自觉，又难以达到预期效果，这就要求我们必须想办法设置这样一柄宝剑，以带剑契约的方式保证关系有效。

以召集一次集体活动为例，常规情况下，一定有人不遵守时间规定而迟到。必须避免这种浪费大家时间的情况，因此要给规定"佩剑"。具体应该如何做呢？

常规的策略是，组织者将集合时间提前至 13：00 或 13：15，这样就可以给迟到的人一定的时间空间，而活动于 13：30 开始，可以保证顺利进行。这样做看起来可以基本解决问题，但这柄宝剑却悬在了遵守时间人的头上。因为在这个方案之下，遵守时间的人需要提前抵达，仍然要等待那些经常迟到的人。虽然保证了活动的正常进行，却让遵守时间的人付出了代价。

在这个博弈中，组织者与参与者等于陷入了多人的"囚徒困境"，因为每个参与者都知道，其他参与者的优势策略是到达集合地点的时间既不能太早，也不能太晚，太早则浪费时间，太晚则耽搁时间。

要破解这个博弈困境，组织者有两个选择：一是严格按照活动开始时间进行，二是以多数人聚齐的时间为准。前者是只要过了集合时间，就不再等下去，让迟到的人承担后果。但如果迟到的人比较多呢？此时若严格按照活动开始时间进行，则参与活动者可能成为少数，任何惩罚如果出现少数人惩罚多数人的现象，则即便少数人是应该被支持的，也会因为这种现状而陷入不被支持的情景中。因此，当迟到的参与者比较多时，就需要及时调整策略，等某个数量的参与者到齐后马上出发，让其他迟到者承担责任。也就是说，给迟到一个期限，让这柄宝剑慢一点下落，等于给自己一个缓冲的空间。

一般而言，博弈中双方合作时得利最大，若乙方不遵守合作约定，另一方必然会吃亏，所以就要引入惩罚机制，谁违约，谁就要遭受处罚，使之不敢轻易违约。

英国政治家托马斯·霍布斯曾说："不带剑的契约不过是一纸空文，它是毫无力量去保障一个人的安全的。"从这句话中，我们悟出一个道理，即任何的合作与契约都是有利的"利己策略"，它必须符合这样的定律：按照你希望别人对你的方式来对待别人，但只有他们也按同样的方式行事才能有效。

◆

第 14 章

商业博弈

输了战役，赢了战争

　　商业博弈中，各方为争夺市场份额和利益而展开激烈的竞争。在这场战役中，有时可能会遭遇暂时的失利，甚至牺牲部分利益。然而，如果能够从长远的角度出发，制定出具有战略意义的决策，就有可能赢得整场战争。

枪手博弈：实力最强，却死得最快

有甲、乙、丙三名枪手，甲的射术最精湛，射靶心的概率是十中九；乙的射术次之，射靶心的概率是十中七；丙的射术最差，射靶心的概率是十中四。现在三人因为争夺一批抢来的财宝，决定用射击决斗，三人同时开枪，最后活下来的人拿走全部财宝。这个主意是甲出的，他认为自己稳操胜券，但出乎意料的是，乙和丙都同意了。那么乙和丙为什么会同意？这次决斗谁活下来的概率最大呢？

看似两个问题，其实是一个问题。就是乙和丙为什么知道自己能活下来而答应这次决斗？

甲认为自己稳操胜券是鉴于对事情表象的认知，因为自己实力最强，而任何竞争的最终获胜者不就应该是实力最强的那个吗？但事实却从来不是固定的。甲的枪法最好，也导致他成了另外两人开枪的首选。

甲会选择先干掉乙，毕竟乙对他的威胁比丙要大，打掉最大威胁，再来收拾最弱的，这是最佳选择。

乙一定会选择先干掉甲，因为甲对自己的威胁最大，如果他先干掉丙，然后再对付甲，就没什么机会了，而先干掉甲，再对付丙，自己活下来的概率更大。

丙也会选择先干掉甲，同样是因为甲的威胁最大，如果先助力甲干掉乙，等到剩下自己和甲时，自己也没有什么机会了。

通过上述分析可以看出，丙虽然实力最弱，但丙也因此逃过了甲和乙的针对，他可以利用这个优势，在甲和乙火并时，根据形势选择先干掉谁。如果如预期，甲先打中乙，此时丙会选择出其不意地向甲射击；如果预期错误，乙先打中甲，此时丙可以向乙射击。虽然丙的枪法差，但因为是后发制人，一顿乱枪之下，被瞄准的那个人也得非死即伤。

因此，决斗的场面其实就由三人决斗变成了甲和乙的两人决斗，丙从旁渔利。若甲和乙相互射杀对方，则丙无须出手，便能拿到财宝。若甲和乙两人一死一伤或都身受重伤，则丙会后发制人让自己成为唯一的幸存者。

博弈的魅力就在于，不完全以实力定胜负，而现实中确实很多事情也并不是以个人实力决定事情的结果。在多方参与博弈时，复杂的关系和对垒形势是必须算在博弈条件内的。某位参与者最后能否胜出，实力只是一方面的因素，实力对比关系以及各方博弈策略才是决定博弈结果的关键因素。前门进狼、后门进虎的危险一定小于只有狼和虎的情况，因为狼和虎可能咬起来。

枪手博弈的胜负结果在商业博弈中非常常见，一些小企业本该在大企业的夹缝中艰难求生，却不想一招出奇制胜，不仅让自己迅速做大，还顺手将大企业干倒了。往往就是小企业借助了大企业对自己的忽视，趁机扳倒了其中某个巨头，然后自己上位。

商战中非常奇怪的现象，大企业与小企业对垒，大企业往往都输在自己的优势上，而小企业则是靠弱势取胜。如果不从博弈思维的角度看，这个问题只能用诡异来形容，但用博弈思维分析，这个问题就非常容易理解了。打仗时不一定弱的输，实力对于结果的影响远不如策略大。只要实力不是不堪一击的程度，就有机会通过合适的策略，成为笑到最后的胜利者。

用"胆小鬼赛局"逼退理性对手

两个青年人为了追求同时喜欢的女孩子，决定进行一次勇气的比拼，即两人各驾驶一辆汽车，同时开足马力向对方冲过去，谁先转向避让，就算输掉了比赛，不仅要承认自己是胆小鬼，还要放弃继续追求心仪的女孩。在这次对决中，结果只有三种：

第一种：某一方怕死，选择转向避让，他会输掉比赛，将成为"胆小鬼"，同时失去追求心仪女孩的权利。

第二种：双方都怕死，都选择转向避让，虽然同时输掉比赛不算输，但也同时成了"胆小鬼"，在心仪的女孩面前都会失去面子。

第三种：双方都不怕死，都不转向避让，结果是同归于尽，虽然这样谁也没有输掉比赛，但性命都没了，这种胜利也就没了意义。

通过分析可以看出，对博弈双方的任何一方而言，决定胜负的最好情况，都是对方让路，而自己勇往直前。但这种情况并不由自己决定，若自己选择不避让，对方也选择不避让，岂不是悲剧了！最坏的情况则是丢掉性命，输了总比死了强，且这种情况是自己单独能决定的，只要自己选择转向避让就可以了。很明显，若想获得最好的情况，必须让不理性的一面占据上风，意气用事硬刚到底；若想保住性命，则要让理性占据上风，主动认输，避免最坏的结果。

在商战中，价格战是非常常见的，而能否取得价格战的胜利，往往不是由企业规模和管理者的能力决定的，而是由哪一方更加强硬决定的。因此，价格战最简单的取胜之道就是在价格战前期给对手以可信的威胁，通过各种行动让对手明白，己方会不惜一切代价。

20 世纪 70 年代初，宝洁公司和通用食品公司展开了一场争夺速溶咖啡市场的价格战，宝洁公司的 Folger 咖啡的销售额集中在美国西部地区，通用食品公司的 Maxwell House 咖啡的销售额集中在美国东部地区。为了争夺市场，宝洁公司在东部的俄亥俄州大量投放广告，显示其要在东部地区扩大影响力的决心。通用食品公司的应对策略有两点：一是也向俄亥俄州大量投放广告，决定"以暴制暴"；二是对 Maxwell House 咖啡大幅降价，甚至降到成本价以下。面对通用食品公司在俄亥俄州的大力度回击，宝洁公司决定改换阵地，在休斯敦同时使出增加广告和降价的手段，试图一举逼走通用食品公司。通用食品公司再次拿出了强硬的绝不退缩策略，向宝洁公司传递出了"谁想打垮我，我就和谁同归于尽"的信号。宝洁公司见对手毫无退意，而且要和自己鱼死网破，就只能放弃通过广告战和价格战与通用食品公司争夺市场的想法了。

虽然在"胆小鬼赛局"中的前进策略并不是最佳选择，因为无谓的"找死"没有意义。但在价格战博弈中，选择一往无前地进击，却是一种堪比出奇制胜的策略。在价格战中破釜沉舟，是一定会输掉战役的选择，但自己的绝不后退的战术选择，却可以逼迫对手更理性地应对，对手放弃的概率就增大了，从而赢得战争的最后胜利。

向前展望，相继出招

相继出招是一种博弈方法，即每一个博弈参与者必须预计其他参与者接下来的博弈策略，据此做出自己的最佳应对策略。对其他参与者博弈策略的预见，即为向前展望；而据此做出自己的应对策略，即为相继出招。

在美国报界，同处于纽约的《纽约邮报》和《每日新闻》是一对劲敌。两家报纸之间不仅热衷于口水战，还经常为抢夺市场份额而激烈争斗。

1994年，根据拥有者罗伯特·默多克的决定，《纽约邮报》决定将零售价从原来的40美分提高到50美分。与以往价格战的走势不同，这一次竟然是以涨价迫使对手出招。默多克的理由是，若想维持纽约地区的报纸平稳运营，零售的合适价位应该是50美分，他相信这个价位也是《每日新闻》所希望的，于是预测对手也一定会跟进。

但出乎默多克预料的是，《每日新闻》的零售价迟迟未动，结果《纽约邮报》却因为提高了零售价，而损失了不少读者。默多克认为，必须让对方明白，《纽约邮报》有能力发动一场报复性的价格战。但打价格战不是他的目的，因为价格战会造成两败俱伤的局面，他的目的是既要让对方感受到威胁的可信性，又不至于伤筋动骨。

于是，默多克将《纽约邮报》的零售价从 50 美分又降回 40 美分，并放言会进一步降价。但《每日新闻》仍然没有任何反应，这一切激怒了默多克，他果断下令将《纽约邮报》位于纽约斯塔滕岛地区的零售价降到了 25 美分，此地区的销量立刻上升。

虽然斯塔滕岛地区的《纽约邮报》降价，只涉及纽约一个地区，但这次行动终于触动了《每日新闻》，对方意识到了如果再不有所回应，一场价格战将在所难免。以《每日新闻》的实力，是绝对不愿意同报业大王直接冲突的，而且涨价对自己而言也不吃亏。于是，《每日新闻》放弃了想借机抢占市场的投机心理，将报纸的零售价提高到 50 美分。不久，默多克将纽约各地的《纽约邮报》的价格重新调回到 50 美分。

向前展望与相继出招是连贯性的，通过互相试探与交锋后，向前展望便可推测出对手的策略，根据对手的策略使出自己应对的策略，便是完成了相继出招。当然，向前展望与相继出招并非一个回合，而是多个回合，直至找到双方博弈的平衡点，才宣告这场博弈的终结。也就是说，经过一番博弈较量后，博弈双方的最佳结局是达到双赢。

由此可见，一个好的博弈策略必须具有前瞻性，能够预见对手的可能行动，并制定出相应的应对策略。同时，这种博弈策略也必须是灵活的，能够根据实际情况进行调整。这种思维方式能够帮助我们更好地理解竞争的本质，提高我们的预测能力和决策水平。在商业竞争中，运用这种思维方式可以更好地把握市场变化和竞争对手的动态，从而制定出更加有效的竞争策略。

同时行动博弈：根据自身选择优势策略

博弈是策略性的互动行为，因此博弈参与者的策略是相互影响、相互依存的。这种相互影响与互动可以是同时发生的，也可以是相继发生的，本节就来重点阐述同时发生的博弈行为。

所谓同时行动博弈，即指所有的博弈参与者都知道这个博弈存在其他的参与者，且参与者必须站在其他参与者的角度思考问题，设想其他参与者会做出怎样的策略，以及会对自己的策略做出怎样的反应，从而预计自己应该如何制定策略，并预估由此带来的后果。

《时代》和《新闻周刊》是美国两大顶尖杂志，均为周发行，两家的封面主题已经成了话题的风向标。因此，每一周两家的编辑们都要为确定下一周的杂志封面而煞费苦心，他们不仅要思考自己应该怎么做，也要同时思考对方会怎么做。因此，《时代》与《新闻周刊》就同时陷入每周一次的封面话题选择的博弈中，双方不得不在毫不知晓对手决定的情况下同时采取行动。

假定本周有两大新闻：一是国会就军费预算增加陷入争端，二是某研究所发出了一款针对癌症的靶向药物。

很显然，这两个新闻对公众都极具吸引力，如果从读者的关注度而言，恐怕难分伯仲。但两家的编辑仍然要从中做出选择，选出更具吸引力的那一个作为封面。

假设30%的读者对军费预算增加感兴趣，70%的读者对癌症新药感兴趣。再假设，报摊消费者都会因为对杂志封面感兴趣而购买。假如两本杂志选择了同一条新闻做封面，那么感兴趣的买主就会平分，一半买《时代》，另一半买《新闻周刊》。

两家杂志的编辑同时会进行如下分析：

（1）假如我们选用军费预算为封面，而对方选用癌症新药为封面，则我们会得到整个"军费预算市场"（即全体感兴趣读者的30%），而对方得到整个"癌症新药市场"（即全体感兴趣读者的70%）。

（2）假如我们选用癌症新药为封面，而对方选用军费预算为封面，则我们会得到整个"癌症新药市场"（即全体感兴趣读者的70%），而对方得到整个"军费预算市场"（即全体感兴趣读者的 30%）。

（3）假如我们选用军费预算为封面，对方也选用军费预算为封面，则两家会平分"军费预算市场"（即各自得到感兴趣读者的 15%）。

（4）假如我们选用癌症新药为封面，对方也选用癌症新药为封面，则两家会平分"癌症新药市场"（即各自得到感兴趣读者的 35%）。

通过上述分析可以看出，情况（1）和情况（2）中，占据整个"军费预算市场"的那一家都不会满意，毕竟等于拱手将更大的 70% 的市场让与对手。而情况（3）也不符合预期，因为两家的争斗目标不会定在对读者吸引力更小的那一个话题上。试想，如果两家都选择了用军费预算为封面，等于共同携手让出了更大的市场。因此，无论对方选择两条新闻中的哪一条作为封面，对于己方而言，选择癌症新药作为封面都是优势方案。

因此，在每个参与者都有优势策略的情况下，优势策略均衡是最合乎逻辑的。但如果优势策略均衡不存在呢？又该如何选择己方的优势策略呢？

我们将上述案例进行少许修改，变成报摊消费者更青睐于《新闻周刊》，如果两家杂志选择同样的封面，则感兴趣读者中的 65% 会选择《新闻周刊》，35% 会选择《时代》。

在这种情况下，对于《新闻周刊》来说，选择癌症新药作为封面仍是首选，即便《时代》也选择同样的封面，其也能获得 45.5% 的感兴趣读者，而《时代》只能获得 24.5% 的感兴趣读者。如此一来，《时代》会发现，如果自己去和对手抢大头市场（癌症新药市场），自己所能得到的市场反而不如去独占小头市场（军费预算市场），因为独占军费预算市场，自己能得到 30% 的感兴趣读者。

《新闻周刊》的编辑虽然不知道《时代》会选择什么封面，但他们可以分析出来，因为《时代》选择军费预算市场是优势策略。因此，可以推断《时代》一定会选择军费预算为封面，则自己就选择癌症新药为封面。

通过上述分析可以看出，假如己方有一个优势策略，即可不必在意对手怎么选；假如己方没有一个优势策略，但对手有优势策略，则可根据对手的优势策略选择自己的策略。

相继行动博弈：根据对手选择优势策略

与同时行动博弈相对的是相继行动博弈，也称为序贯博弈。棋类游戏是这种博弈形式最形象、最贴切的表现。以围棋为例，两人对弈，黑白棋子，一人走一步，两人都须根据对方上一步的落子来决定自己此步的落子。通常在对方落子之前，已经对对方的落子和己方的应对做出过提前预估。就这样，双方在不断预估，不断实战中落子，不断落子应对中，完成一局棋的对弈。

这种相继行动博弈非常适用于商业博弈，因为在商业领域中，尤其是当涉及竞争对手时，理解对手可能的行动，并根据这些预测来制定自己的策略变得至关重要。在相继行动博弈中，参与者需要根据对手的选择来决定自己的最优策略。

在相继行动博弈中，参与者不能同时行动，而是按照一定的顺序行动。每个参与者都要基于对手之前的行动来决定自己的下一步行动。这种博弈的关键在于预测对手的策略，并针对性地制定自己的策略。

某电商平台在制定营销策略时，需要考虑竞争对手的行动。假设有两家大型电商平台 A 和 B。A 平台首先制定营销策略，随后 B 平台根据 A 平台的策略来制定自己的营销策略。在这个场景中，A 平台需要预测 B 平台的可能反应，而 B 平台同样需要根据 A 平台的策略来做出最优选择。

A 平台可以选择加大广告投入、降价促销或推出新服务来吸引消费者。但这些策略可能会吸引或失去不同类型的消费者，同时也会影响 B 平台的策略。B 平台在观察到 A 平台的策略后，也需要根据自己的利益和市场分析来决定最优的应对策略。

由此可见，在进行相继行动博弈时，了解对手的策略并预测其可能的行动是非常重要的，它直接决定了博弈的成败。这种预测通常基于对手的历史行为、当前的市场环境以及参与者的信念。例如，在商业谈判中，一方可能会根据另一方的历史谈判策略，来预测其在当前谈判中的策略。

同时，在相继行动博弈中，参与者需要制定一个最优策略，这个策略应当是在考虑对手可能行动的情况下对自己最有利的行动方案。例如，在一个商业竞争中，一家公司可能会选择降价策略来吸引消费者，但如果竞争对手也选择降价，那么这种策略可能就不再是最优的。因此，公司需要根据对手的可能反应来制定一个更优的策略。

此外，博弈思维强调灵活性和创新性。在相继行动博弈中，参与者需要随时根据实际情况调整自己的策略，以适应不断变化的市场环境和对手的行动。同时，创新性的思维和方法也可以帮助参与者发现新的机会并创造竞争优势。

当面对相继行动博弈时，参与者应该运用博弈思维来分析市场环境和对手的行动，并在此基础上制定自己的最优策略。通过这种方式，博弈参与者可以更好地应对市场的挑战和抓住机会，从而在竞争中取得优势。

"偏点"铺就道路，"热点"隆重登场

在商业世界中，策略的选择与博弈论有着密切的联系。为了在激烈的竞争中脱颖而出，许多企业运用博弈思维制定商业策略。其中，"偏点"铺就道路、"热点"隆重登场这一策略，正是博弈论在商业领域中的生动体现。

在商业博弈中，"偏点"通常指的是那些被大多数竞争者所忽视或冷落的领域或市场。这些领域或市场可能因为太小、太特殊或是太具挑战性

而被大企业或主流市场所忽略。然而对于那些有远见的企业来说，这些"偏点"正是他们可以开拓和发展的机会。通过选择这些"偏点"，企业不仅能够避免与主流市场的过度竞争，还能够找到新的增长点和差异化竞争优势。

那么，为何要选择"偏点"来铺就道路？博弈论中的"边缘策略"理论为此提供了答案。该理论认为，在博弈中那些不按常规出牌、敢于采取边缘策略的参与者，往往能够获得意想不到的优势和结果。选择"偏点"正是这种边缘策略的体现，它要求企业具备创新思维和敢于挑战的勇气，不拘泥于传统的竞争方式和市场格局。

与"偏点"相对，"热点"指的是那些被大多数竞争者所关注和争夺的市场或领域。由于关注度高、竞争激烈，"热点"往往是企业需要谨慎对待的地方。然而，博弈论中的"冷点策略"提醒我们，在适当的时机和条件下，企业也可以利用"热点"来获得竞争优势和市场份额。

如何利用"热点"隆重登场？这需要企业具备敏锐的市场洞察力和灵活的策略调整能力。当"热点"市场竞争过于激烈时，企业可以选择暂时撤离，避免过度消耗资源和精力。同时企业可以利用在其他"偏点"领域积累的优势和资源，伺机进入"热点"市场，并采取不同于竞争对手的策略，从而实现后发制人，取得优势的效果。

为了更深入地理解这一策略，我们可以通过具体的商业博弈案例来进行剖析。假设有一家新兴的电商公司，在初创期选择了一个相对较小的利基市场作为切入点，如专门销售手工制品的电商平台。由于这一市场相对较小且冷门，大型电商公司纷纷忽略了这个领域。这家初创公司通过精心打造用户体验、建立品牌口碑和拓展销售渠道，逐渐在这一"偏点"市场中占据了主导地位。

随着时间的推移，这家公司积累了丰富的经验和资源，并开始考虑进入更广阔的"热点"市场。利用在手工制品领域的品牌影响力和用户基础，逐步扩展到相关领域，如创意家居、设计服饰等更广泛的电商市场。在这个过程中，采取了差异化的竞争策略，避免与大型电商公司的直接对抗，而是通过提供特色商品、强化用户体验和个性化服务来吸引用户。

通过这种"偏点"铺就道路、"热点"隆重登场的策略，这家电商公司不仅在初创期成功地避开过度竞争，找到了立足点，而且在后续的发展中不断扩大市场份额和品牌影响力，成为一个备受瞩目的新兴企业。

综上所述，"偏点"铺就道路、"热点"隆重登场这一策略提醒我们，在商业博弈中要敢于采取边缘策略和冷点策略，通过创新思维和灵活的市场策略来获得竞争优势。同时，企业要具备敏锐的市场洞察力和资源整合能力，在适当的时机和条件下进军"热点"市场并脱颖而出。

◆

第 15 章

职场博弈

逆人性管人，顺人性驭人

职场博弈是指在职场管理过程中管理者与被管理者之间进行的策略互动和利益权衡。职场博弈的核心在于如何有效地激发被管理者的积极性和创造力，同时约束和引导其行为。因此，职场管理通常需要考虑参与者的行为模式、利益诉求和决策过程，以及如何通过合理的策略选择来达到最优的结果。

用纳什均衡分析员工薪酬策略

某城市有 A 和 B 两家同行业企业，实力相当，同岗位的工作性质相同。A 企业比 B 企业早成立七年，因为企业内部的员工多是老人，这些人至今已经为企业工作了十几年。如果你了解"高工资都是跳槽跳出来的"这句话，就能理解 A 企业的平均人工薪酬比 B 企业要低一些。长时间不涨工资，导致 A 企业工人们的负面情绪越来越多，消极怠工的现象也越发严重，有的工人已经准备跳槽了，还有些工人想借机去外地闯闯。

A 企业老板发现了员工的异样，也知道员工为什么会有怨气，他知道企业面临这个问题，可采取的措施只有两个，一是加薪（加到略高于 B 企业的水平），二是维持薪酬现状。

如果 A 企业选择加薪，不但可以将准备跳槽的员工留住，还有机会吸引 B 企业的员工跳槽过来。员工的工作积极性提高了，整体素质增强了，创造的效益也将提高。

如果 A 企业选择不加薪，其一部分员工将流入 B 企业，另有一部分将流失到外地。员工数量减少，新招入的员工会让员工整体素质下降，最终导致企业效益下滑。

现假设，A 企业提高薪酬之前与 B 企业的利润之比为 10：10，提高员工薪酬需要增加的成本为 2（则利润降低 2）。如果一方提高薪酬，另一方不提高薪酬，则提高薪酬一方的利润+4，不提高薪酬的一方利润-4。因此，如果 A 企业提高薪酬，而 B 企业不提高薪酬，则 A 企业与 B 企业的利润之比为 12：6。当 A 企业提高薪酬时，B 企业为了避免出现自己利润为 6 的不利局面，只得跟着加薪，最后双方博弈的结果定格在两家企业的利润之比为 8：8。

从这个博弈中可以看出形成了两个纳什均衡，即维持现状不提高薪酬和同时提高薪酬。因为两家企业都不允许对方占有更多的利润，因此需要在加薪上形成跟随策略，便导致了从旧的均衡到形成新的均衡。

站在 A 企业的角度上看，A 企业加薪之前与 B 企业的利润之比 10：10，是优势均衡，而 B 企业跟随 A 企业加薪之后的利润之比 8：8，为劣势均衡。站在 A 企业员工的角度上看，A 企业加薪之前与 B 企业的利润之比 10：10 是劣势均衡，而 B 企业跟随 A 企业加薪之后的利润之比 8：8 为优势均衡。等于是从企业的利润中，分出 2 给员工加薪，但这样做是必需的，因为不舍弃这个 2，就会失去 4。

现在有一个问题，就是在 A 企业加薪之前，其员工工作积极性偏低，为什么其利润之比能与 B 企业相等呢？在现实中，这种情况下两家企业的利润率是绝对不会持平的，而且影响利润率的因素也不只有薪酬水平这一项，如此设计是为了让博弈更加直观。且在 A 企业加薪之后，我们假设其薪酬水平略高于 B 企业，而在此时两家企业的薪酬利润比是相等的。

薪酬是企业管理中的重要部分，可以说这部分若是设计不好，则企业的有效管理将无从谈起。企业既要将薪酬水平控制在合理的范围内，又不能从员工身上搜刮利益，要以合理的薪酬水平留住员工、激励员工。因此，我们建议企业经营者必须改变旧有观念，不再把员工当作企业的成本，而是将员工看作企业发展的根本。通过制定灵活、合理和可增长式的薪酬制度，实现多劳多得、少劳少得，没有人搭便车，充分调动员工的工作积极性。因此，企业经营者需要全面深入地掌握博弈理论和纳什均衡，运用博弈思维管理企业、管理人心。

使员工之间相互竞争

业绩考核几乎是所有企业考评员工的通用方式，所不同的只是采用的考核方式有差异。企业应根据实际工作需要制定具体考核方式，并能在充分考虑各种情况后，将考核的作用发挥至最大。

但在现实中，很多企业的考核制度设置得并不好，不仅没有起到激励员工竞争的作用，反而遏制了员工的工作积极性。就像下面这家公司：

该公司研发出一款新品，总共 18 位推销员负责推销工作。因为推销员主要在外面工作，不在办公室内，所以每周的工作时间比较自由，可以工作 5 天，也可以工作 4 天。推销员选择工作 5 天，还是工作 4 天，短时间内看不出来，但每个月是有差异的，平均下来，每周工作 5 天的推销员比每周工作 4 天的推销员能多销售出去 130 件产品，总数可以超过 1000 件。

为了鼓励员工多增加工作时间，该公司根据工作天数进行绩效考核。如此一来，原来工作 4 天的员工也会选择工作 5 天，但推销的产品数量并未增加，那一天只要象征性地工作就行了。而原来工作 5 天兢兢业业推销的员工则心理不平衡，每周第 5 天也不再认真工作了。这种考核方式导致该新产品销售量下降。

该公司修改绩效考核标准，改为根据销售业绩进行奖励。这样做的好处是，重新唤醒了原来高效率的员工，又开始每周 5 天认真推销了。但原来每周上 4 天班的员工则没有紧迫感，反正拿不到奖励，也不会被淘汰。这种考核方式导致新产品销量维持不变。

后来该公司再次修改绩效考核标准，仍然实施业绩考核，但将业绩分为优、中、差三个级别，奖励与级别挂钩。每周工作 5 天，且销量高的员工，将得到"优评"；每周工作 4 天但销量高的员工或者销量一般但每周工作 5 天的员工，将得到"中评"；每周工作 4 天且销量一般的员工，将得到"差评"。

得到"优评"的员工，获得的奖金最高，且下个月销量高于上个月时，将根据销量高出的百分比提升奖金额度，这样的做法可以刺激员工不断努力。得到"中评"的员工，再根据销量分档原则，划分为"上中""中中""下中"三档，每档对应不同的奖励标准，鼓励员工既要不断进步，也不要因为一时的下滑而气馁。得到"差评"的员工则会被记录在"备选淘汰"名册上，若连续三个月都登上名册，将被开除。

通过这一连串的绩效考核制度改革可以看到，该企业终于实现了建成内部竞争制度的考核目标。员工在被考核的过程中，不仅会经常关注自己的业绩，也会关注有助于提升自己业绩的方法。博弈思维在这里得到了淋漓尽致的体现。每个人都在权衡利弊，预测他人的行动，同时调整自己的策略。有时合作是最佳选择，因为集体的力量是巨大的；但更多时候，人们选择竞争，因为那意味着更多的机会和更大的利益。

企业经营者是这场"战争"的导演。他们制定规则，确保竞争的公平性，同时鼓励员工积极参与。他们深知，过度的竞争可能导致资源浪费和人际关系紧张；但适度的竞争却能激发员工的工作热情和创新精神。

奖励机制必须有刺激性

陶弘景注《鬼谷子》有言："赏信，则立功之士致命捐生；刑正，则受戮之人没齿无怨也。"具体解释是：奖励必须有信誉，对于建立功绩的人，一定要给予赏赐，以激励他们更加勤奋努力，即使丧失生命也在所不惜；惩罚必须公正，对于做错事的人，一定要给予惩罚，即使让他受用最严厉的刑法，也不会有怨恨。

虽然"致命捐生"这样的情况在企业管理中不会出现，但做到赏罚分明，却能让有功之人和有过之人都心服于所受的奖励与惩罚。但在现实中，很多企业并没有建立完善合理的奖励制度，导致企业在管理与约束员工方面效果很差。

不可否认，设计一个有效的奖励机制并非易事。很多企业虽然投入了大量的资源和精力，但收效甚微。究其原因，主要是因为奖励机制缺乏足够的刺激性。

在奖励机制中，博弈思维强调员工之间的竞争与合作，以及企业对员工行为的反馈与调整。一个好的奖励机制能够激发员工的竞争意识，促使他们努力工作、追求卓越；同时，也能鼓励员工之间的合作，促进团队整体的发展。

某高科技公司具有很高的研发水平，目前正在研发一款应用软件。经过市场调研，该软件若获得成功将为公司盈利超亿元。在没有其他因素干扰的情况下，研发部门工作人员的态度决定着该项目的成败。如果研发人员的工作积极性高，项目的最高成功率为 90%；如果研发人员的工作积极性不高，项目的最高成功率为 50%。差距是非常大的，为了提升项目成功率，公司创始人决定拿出一笔奖金，并将这笔奖金的数额与项目成功挂钩。

通过和研发人员的沟通后可知，他们所能接受的最低奖金数目是 500 万元。假设每提升 100 万元奖金，项目的成功概率就提升 10%，即奖金达到 900 万元，项目成功率达到最高的可能性。但该怎样下发这笔奖金呢？

一定不能提前发放，虽然发奖金可以刺激员工认真工作，但效果只是暂时的，因为奖金已经落袋为安了，后期继续研发项目就全凭责任心，激励的作用会随着时间的推移越来越少。对于企业创始人而言，不管是发放 500 万元奖金，还是发放 900 万元奖金，都不能确保软件的成功率达到 100%，所以一旦失败，这笔奖金连同开发资金全将付诸东流。

大多数老板都会毫不犹豫地选择事后发放，认为这是最具有激励效果的。看起来好像也是这样的，毕竟有大额奖金放在那里，谁不想拼一下呢！但关键是员工会不会相信这个事后发放的许诺，毕竟对于员工而言，这种承诺不确定性有些高，如果自己尽心竭力地做完了，但企业赖账怎么办？或者效果差强人意呢？自己难道一点辛苦费都没有吗？当员工的内心产生了患得患失的感觉后，这样的激励效果还不如没有激励，这会让员工更加难以定下心来工作。

看到这里，有人会说，只奖不罚的奖励机制是不对的，必须有惩罚机制。可以规定，如果软件研发成功，研发部门全体人员获奖金 900 万元；如果软件研发失败，研发部门全体员工将被处罚 100 万元。如果企业实施这样的制度，估计研发部门的员工很快就会都离职了，虽然 900 万元很有诱惑性，可 100 万元更有伤害性，等于将原本由公司和创始人承担的市场风险的一部分转嫁到了员工身上，这种做法不符合常理，没有可行性。

先给不行，后给不行，不给不行，连给带罚也不行，那这笔奖金还要不要发放呢？当然要发放，只是方案必须合理，可将奖励分为两个部分：第一部分是给研发部门每位员工总共分得价值 450 万元的公司股份，并可在年底享受公司分红；第二部分是在该项目研发成功后，给研发部门全体员工共计 450 万元的现金奖励。

为什么在这种情况下，后给奖励就能让员工接受呢？因为员工在企业有股份了，在企业享受经营权和分红权，员工会认为这是在给自己的企业工作，后拿奖金有什么关系呢！让员工和企业之间形成利益共同体，才是最具刺激性的奖励机制。

这个案例表明，一个有效的奖励机制必须具有足够的刺激性，才能激发员工的竞争意识和创造力，推动企业不断向前发展。

在博弈思维下，企业需要制定合理的奖励标准和评选机制，让员工感到只要付出努力就有可能获得丰厚的回报。只有这样，才能真正地激发员工的内在潜能和创造力，推动企业不断向前发展。

无序管理形成自发秩序

本节所说的"无序管理"，可以理解为随机策略。即让随机性增强策略的无序，但这种无序却将本该无序的事务变得有序。如果仅看这句话，可能有些难以理解，我们通过一个案例具体讲解。

任何国家的军队都需要每年不断地征召适龄青年入伍，目的是增强全民服兵役人的数量，以增强国家防御力度。我国的兵役制度规定，每一个公民都有参军报国的义务，并要求年龄在十八周岁时，要向本地征兵办进行兵役登记。当然，登记注册不一定就是达到入伍的要求，还有入伍前的政审、体检等一系列的审核程序。因此，兵役登记是必需的，但是征兵报名是自愿的。

政府有权力惩罚一个没有登记的人，但怎样才能敦促大家都来登记呢？如果不以博弈思维来思考，可以简单地宣布按照百家姓的顺序或者姓氏笔画的顺序，依次审查不依法登记的人。赵姓人永远排在被审查的第一名，如果不去登记，必然会被查出来受到惩罚。第二名钱姓人、第三名孙姓人、第四名李姓人，都不能放松，因为惩罚的必然性已经足够震慑他们乖乖去登记。在理想状态下，一个一个姓氏排下去，都应该有危机感，因为查完自己姓氏的上一个姓氏，就该轮到自己了。百家姓末尾的稀有复姓和未上榜百家姓的稀有姓氏都应该主动去登记。但问题是，人数如此众多，仅是一些大姓就够忙活一阵了，而且查前面姓氏时就一定有人不登记，后面姓氏的人可能还没轮到，这一年的征兵工作就结束了。

如果一场博弈的参与者按照某种顺序排列，就有可能预计到排在首位的人会怎么做，这一信息会影响到第二个人，接下去影响到第三个人，如此延续一直影响到最后一个人。且如果每一次博弈都是按照相同的顺序，则对排在前面的人影响很大，对排名越靠后的人影响越小。由此可见，原本是一项有序管理，最终造成的结局反而是管理无序了。

因此，真正可以实施的博弈，一定是禁止预先宣布任何顺序的，而是应采用随机抽取的方式，即将有序管理变成无序管理，借助无序的随机惩罚性，让原本无序的事情形成一种自发秩序。

对于上述按照百家姓进行征兵登记工作的策略，应该怎样改进，才能让这项工作形成自发秩序呢？可以继续按照百家姓的顺序审查，但每年要打乱起始顺序，例如去年抽到第 57 位的"俞"姓，那么就以这个姓氏作为第一个被审查的，第二个则是"俞"后的"任"姓，然后是"袁"姓，然后是"柳"姓。这样就比始终按照同一顺序好了很多，但这样做只能让被抽出来的第一个被审查姓氏与其后的姓氏有紧迫感，那些按照这个顺序排在末尾的姓氏则依然没有紧迫感。因此，这种策略只是进行了简单的改进，还谈不上是形成自发秩序。

接下来可以进一步改进，将所有姓氏都进行随机抽取，按照抽取的先后顺序进行审查。但这样做仍然摆脱不了"被抽出来的第一个被审查姓氏与其后的姓氏有紧迫感"的事实，那些抽签中排在后面的姓氏仍然没有紧迫感。因此，这种策略虽然进行了较大改进，但也形不成自发秩序。

最后还需进行改进，就是让所有姓氏随机抽取，但暂不公布结果，等待每一年的登记审查工作结束后，再公布姓氏抽签顺序，这样既保证了公平性，又能实现彻底的随机无序管理。因为每一个姓氏都不知道自己究竟排在第几，必须从一开始就紧迫起来，这项工作也就实现了有序化。

以上只是对兵役登记制度的假设举例，并非实际情况。我们举这个案例是要强调，博弈中不可预测才是最可怕的。不可预测，让管理高效且直观，既不违逆人性，又不妥协于人性。

鹰鸽博弈：有时当老鹰，有时当鸽子

老鹰凶猛好斗，喜欢冲突，不知妥协；鸽子温驯善良，避免冲突，爱好和平。哪个习性更适合生存呢？根据常规认知，老鹰的能力让它更适合生存。英国生物学家约翰·史密斯认为理性不是分析博弈结果的唯一标准，只看表象更不对，鉴于对这两类动物习性的长期研究，他提出了鹰鸽博弈。

两只老鹰同时发现食物，必然互相争斗，然后两败俱伤，最终得到的食物也无法弥补自己的损失，因此各自的收益都是-1。两只鸽子同时发现食物，则能和平相处，共同分享食物，因此各自收益都是1。当一只老鹰和一只鸽子同时发现食物时，鸽子必然会逃走，老鹰独得全部食物，老鹰的收益是2，鸽子的收益是0。

乍看之下，老鹰和鸽子相处，总是老鹰占便宜，好像有老鹰的地方，鸽子就生存不下去。但这个世界上却还有鸽子，不仅活下来了，还活得很不错，原因是什么？因为鸽子也是有好处的。

为了求证鸽子活下来的原因，可以运用极限思维做反事实推理。假设现在只有老鹰，没有鸽子了，老鹰之间必然会互相伤害，无休无止，直至伤痕累累，无力再战，这种结果老鹰也承受不起。于是，一部分老鹰化身鸽派，选择躲为上计，躲避的结果就是其他老鹰因争夺而丧失战斗力后，鸽派就渔人得利了。同理，也假设现在只有鸽子，而没有老鹰，鸽子之间还会那么谦让吗？一定有鸽子会化身鹰派，因为此时转变如狼入羊群，收益很高。因此，即便鸽子未能都生存下来，这个世界上还是会有鸽子——一些老鹰会变成鸽子。这就是不可能全是老鹰或全是鸽子的原因，老鹰和鸽子会保持一个相对稳定的比例。当成为鸽子的收益高于继续做老鹰的收益时，就有老鹰成为鸽子；当成为老鹰的收益高于继续当鸽子的收益时，就有鸽子成为老鹰。

当然，就具体个体而言，一些老鹰和鸽子永远不可能改变立场，于是就有了死鹰派和死鸽派，前者至死不当鸽子，后者至死不当老鹰。但从老鹰和鸽子的整体来看，总有老鹰和鸽子会主动调换，最终统计上又会形成稳定均衡。

在鹰鸽博弈中，自身是否要调整策略，要视博弈情境对比关系而定。鹰与鹰、鸽与鸽、鹰与鸽，是鹰鸽博弈的3种情境。鹰与鸽若想各有收益，便由这3种情境之间的对比关系决定。当老鹰占比多时，做鸽子更为划算；反之，当鸽子占比多时，做老鹰更为划算。与鹰鸽博弈环境相似的社会环境亦是如此，社会中个体可以自由选择做老鹰或鸽子，并选择在自己是老鹰或鸽子时，如何与其他老鹰与鸽子相处。因此，自己是做老鹰，还是做鸽子，并非固定的，除非有些人就是性格使然，只能做老鹰或鸽子。

在职场中博弈，同样会面临做老鹰还是做鸽子的选择。职场的人际关系复杂多变，多一重性格身份就多一重对自己的保护。我们也建议那些性格特别鲜明的人，不要执着于只做老鹰或只做鸽子，也应该在必要的时候做一些调整。记住，我们说的是调整，而非改变。调整是为了适应环境，但却不失去自己的本色。待到环境有所改变时，进一步做出调整，却仍然不改本色。

无论在职场中是选择做老鹰，还是选择做鸽子，目的无非有两个：一是保护自己，二是获取利益。当多数人都在温和的环境中选择不进取时，我们要像老鹰一样勇敢果断地抓住机会迅速行动，从一片平淡中彰显出自己的能力。当多数人都陷入竞争的旋涡而拼命内卷时，我们就要化身鸽派，将自己从旋涡中拉出来，淡看庭前花开花落，给自己喘息的机会。

因此，做老鹰或是做鸽子，应该交由环境决定，而不能任凭性格去表现。选择做老鹰，就要敢于迎难而上，不畏艰难险阻，用勇气和魄力突破阻碍，抓住转瞬即逝的机会。选择做鸽子，则要有耐心和智慧，保持平和谦逊，不张扬，不傲慢，以发自内心的静气面对一切挑剔和质疑。

可见，职场博弈中老鹰和鸽子并不是互相排斥的。有时候，我们要用老鹰的勇气去抓住机会；有时候，我们要用鸽子的智慧去化解困境。关键在于我们如何根据具体情况做出选择，灵活运用不同的策略和技巧。职场要求我们必须学会适应变化和应对挑战，无论做老鹰还是做鸽子，都要保持开放的心态和积极的态度。只有这样，才能在复杂的职场环境中立足并取得成功。

严格优势策略实现升职加薪

在职业生涯中，升职加薪是每个员工都期望的事情。然而，要想实现这一目标，却并非易事。在升职加薪的博弈中，员工需要运用一些策略来为自己争取更好的条件。其中，严格优势策略是一种非常有效的策略，可以帮助我们更好地理解和应对博弈中的复杂情况。

严格优势策略是一种在所有可能情况下，都会产生最优结果的策略。在升职加薪的博弈中，员工可以通过展示自己的工作表现、能力和价值，来证明自己值得更高的薪资和更好的职位。

假设员工甲和员工乙都是某公司的销售代表，他们都有机会申请升职为销售经理。在申请过程中，员工甲和员工乙都需要向公司展示自己的能力和价值。

员工甲通过展示自己在销售方面的业绩和技能，以及对公司未来发展的建议和规划，成功地赢得了公司的认可。他获得了更高的薪资和更好的职位。

员工乙则没有像员工甲那样充分展示自己的能力和价值。他在申请过程中只是简单地陈述了自己的工作经验和技能，而没有对公司未来的发展做出任何贡献，因此没有获得更高的薪资和更好的职位。

从这个案例中可以看出，员工甲运用了博弈论的严格优势策略，通过充分展示自己的能力和价值，成功地实现了升职加薪的目标。而员工乙则没有充分利用博弈论的策略，导致没有实现目标。

通过严格优势策略，可以更好地理解升职加薪博弈中的复杂情况，并制定出更有效的策略来应对。在博弈中，应该充分展示自己的能力和价值，以证明自己值得更高的薪资和更好的职位。同时还需要关注对方的需求和利益，以建立良好的沟通和合作关系。通过这样的策略运用，可以增加自己的博弈筹码，提高自己的薪资和职位水平。

此外，升职加薪的博弈不只在员工之间，还包括上级与下属之间，且双方（老板 VS 员工、上司 VS 下属）都是主体，各自的决策都会对对方产生影响，因此更需要采用有利于自己的策略，增加博弈获胜的概率。因此，严格优势策略同样适用于上下级之间的升职加薪博弈，即无论上级怎样选择，某种策略对期望升职加薪的下属都是有益的。

某位员工的试用期已经过了两个多月，然而还没有被转正加薪，他找到老板，说："肖总，有一件事您是否了解，我发现这两个月我的工资比其他同事少，是不是我的试用期已过，正式聘用的手续还没有办妥？"老板说："你的工资早应该加上去了，只是财务一时没有办好手续，我想这两天就能办好了。欠你的两个月转正工资差价也会补上。以后有什么事直接找我，如果公司一时没有照顾到，不要有什么顾虑，直接找我谈。"

通过这番对话可以看出，老板是了解这个情况的，但如果员工不提出，他就权当不了解。这位员工也没有直接揭穿，而是用了迂回的方式给老板留了面子，表明自己不是吃了亏也不会反抗的。聪明的老板自然懂得借台阶下来，若是老板不愿借这个台阶，员工再挑明也无妨。因此，这种先给老板留面子表明自己态度的做法，对员工就是严格优势策略。否则这件事可能从一开始就会进入僵局状态，员工升职加薪的想法也将大概率无法实现。

总之，严格优势策略既要保证展示出自己的优势和价值，让对方认识到自己的重要性和价值，也要坚持自己的原则和底线，不轻易妥协和让步。

◆

第 16 章

谈判博弈

过程可以博弈，结果必须双赢

谈判博弈的过程可以充满策略和技巧，但结果必须实现双赢，这符合博弈论的基本原则。双赢的结果意味着参与者在谈判中都能获得一定的利益，实现各自的目标和需求，同时也为长期合作创造了条件。

分蛋糕博弈：对未来利益的流失程度达成协议

桌子上有一个冰激凌蛋糕，两个孩子对如何分蛋糕进行谈判。蛋糕在不断融化，必须尽量缩短谈判过程，僵持只能一无所获。假设每提出一个建议，蛋糕就会融化至原来的一半。再有另一人提出建议，蛋糕又会融化至剩余的一半。

先由小孩甲提出第一轮分蛋糕建议，如果他提出的建议小孩乙完全不能接受，小孩乙就会否定，然后蛋糕融化一半，即使第二轮谈判成功了，有可能还不如第一轮降低条件得到的收益大。因此，小孩甲在第一轮提出建议时，必须考虑两点：一是必须阻止谈判进入第二轮，二是考虑小孩乙是如何考虑这个问题的。

因为蛋糕每一轮都会融化至原先的一半，所以对小孩乙而言，第二轮谈判若还不成功，则不仅自己，即便是和小孩甲相加一起的得利也非常少了，所以我们只将小孩乙的分析设定在第二轮。蛋糕在第二轮只有原先的一半，小孩乙知道小孩甲在第二轮时所能得到的蛋糕最多只是原来大小的二分之一，就是两方俱损的复合博弈。因此，当小孩甲在第一轮要求占据的蛋糕大于二分之一时，小孩乙都可以反对，从而将这个谈判延续到第二轮。

小孩甲清楚小孩乙的这个想法，经过再三考量，小孩甲第一轮的初始要求就不能超过蛋糕的二分之一，但他又不想让对方得到更多的蛋糕，于是在第一轮他只能要求得到蛋糕的二分之一。这个分蛋糕方式对于小孩乙而言，同样是利益最大化，他自然也会同意。

这种具有明显成本消耗的博弈，最关键的就是必须尽量缩短谈判过程，减少成本损耗。在成本还足够支撑起谈判博弈时，双方达成协议，都能获得不错的利益。若是形成漫长的僵持，即便最后提出条件的一方得到了剩下的全部利益，但这个"全部"估计也剩不下多少了。

这里所说的明显成本损耗并不是肉眼可见的利益的减少，还包括谈判过程中的其他条件，如时间，无论是商业竞争，还是生活工作，时间都是宝贵的，有时候分秒之间就能决定输赢成败。谈判的目的是博取利益，但若是通过无限度地消耗时间来换取利益，这样的利益即便拿到手，其价值也会大打折扣。因此，为避免谈判陷入僵局，而双方都难得利，常规情况则必然是双方都妥协一些，用更容易被对方所接受的方案让谈判取得理想的结果。

为了减少各种成本损耗，为了尽快达成共识，为了将谈判双方的利益最大化，需要关注以下几个方面。

（1）明确谈判的目标和底线。在谈判前，需要认真分析双方的需求和利益，明确自己的目标和底线，在谈判中保持清醒的头脑，不被对方的言辞所左右。

（2）运用策略和技巧。在谈判中，需要运用各种策略和技巧，如倾听、提问、陈述等，以引导对方走向我们的目标。同时，我们也需要灵活应对对方的策略和技巧，避免陷入僵局。

（3）关注未来利益的流失程度。在谈判中，需要时刻关注未来利益的流失程度，及时调整自己的策略和底线。

总之，谈判必须减少成本损耗，需要运用智慧和策略，关注未来利益的流失程度，以达成共识，实现双方利益的最大化。

限制自己的选择，引致对手让步

哈佛大学政治经济学教授托马斯·谢林在其所著的《冲突的战略》一书中，对讨价还价做了详细的分析。

讨价还价就是一种博弈，且从博弈论的角度看，讨价还价是非零和博弈。博弈参与者的利益是对立的，其中一方参与者的利益增加，另一方参与者的利益就会受损。但博弈参与者之间也不是完全不可调和的，他们也有利益共通点，就是都希望达成某种共识，以避免两败俱伤，双方都不得利。因此，讨价还价的双方需要在达成共识和为自己争取较大利益上进行权衡。

通过对讨价还价现象的分析，谢林得出结论：在讨价还价的过程中，限制自己的选择，往往引致对手让步。

我们都有过买东西时讨价还价的经历，这也是生活中的日常。例如，买家看中了一件衣服，卖家也看出了买家感兴趣，于是讨价还价开始了：

买家："这件衣服多少钱？"

卖家："200元！这是大品牌的衣服，质量和款式都没的说，200元已经是最低价了。"

买家："太贵了，这衣服哪能卖上200元！我给50元，卖不卖？"

卖家："跟我开玩笑哪，卖50元我房子都得赔光了。这样吧，看你真想买，180元。"

买家："你这也没便宜多少啊！我再给你涨点，70元，不能再多了。"

卖家："这价格差得太多了，我不能赔本赚吆喝，我狠狠心，150元，不能再低了。"

买家："150元能买两件了，再降点。"

卖家："130元，这都赔钱了。"

买家："赔钱你就不和我磨叽了，130元也贵。要是再不实实惠惠的，我就不买了。"

卖家："得得得，我是服了您了，一个整数，100元，再不买你就真走吧。"

买家："这还贴点边！80元，最后一口价，咋样，同意我就付账。"

卖家："哎，这真是……行啊，就80元吧！拿着。"

买家和卖家的讨价还价像钟摆一样，摆来摆去，最后停在80元的价格上。这个 80 元堪称得来不易，是双方不断博弈的结果。买方和卖方都认为对方不可能做出进一步的让步时，共识就达成了。

让步是谈判达成的必要因素，任何一方过于强势和固执，都不是最优策略，也难以达成最好的结果。因为谈判本身不是目的，借助谈判达成目的才是最终目的，谈判的过程一定是博弈，而谈判的结果必须是双赢，这样的谈判才能达到利益最大化。谢林还进一步描述了能够把自己锁定在博弈有利地位的三个战略，即不可逆转的约束、威胁和承诺。

首先，不可逆转的约束是一种有效的谈判策略。当双方达成协议后，这些约束可以确保双方都遵守协议内容，避免违约行为的发生。这种约束可以增强谈判的可信度，使双方在未来的合作中更加信任对方。

其次，威胁是一种谈判技巧。在谈判中，威胁可以作为一种手段来促使对方做出让步。然而，威胁必须适度，否则可能会破坏谈判气氛，甚至导致谈判失败。同时，威胁也必须与实际行动相匹配，否则可能会失去可信度。

最后，承诺是一种谈判的结果。在谈判中，承诺可以表示双方达成的共识和协议。一个明确的承诺可以确保双方在未来的合作中能够相互信任和支持。

这三个战略可以增强谈判的可信度，促进双方的合作，并确保双方在未来的合作中能够相互信任和支持。曾有人说："经济学是一门最大限度创造生活的艺术。"而这种创造的基础就是谈判，或者说谈判是创造生活艺术的具体方法。

巧妙改变事物的性质

在谈判桌上，双方不仅仅是就利益进行争夺，更是智慧与策略的较量。有时巧妙地改变事物的性质，能够起到出奇制胜的效果。

美国著名冲突管理专家弗雷德·查特曾代表一家公司与工会领袖进行谈判，就在谈判即将取得突破性进展时，该公司 CEO 私下与工会领袖通话时，说了不当言论，工会领袖勃然大怒，将之前谈好的所有条件全部推翻，并严正声明要求该公司 CEO 公开道歉。这位 CEO 也在冲动过后意识到了自己失言，希望能通过公开道歉挽回此事。事态发展到这个时候，公司方完全处于下风，工会内部认为最终能达成的协议一定比之前准备达成的协议还要优厚。

查特敏锐地意识到这件事的利害，一旦该公司与工会达成的协议突破了本预备达成的协议，就等于突破了行业底线，那么未来会有更多劳资纠纷出现，那样损失的不只有公司，也有广大基层从业人员。为了避免这一情况的发生，查特开启了一场"改变事物性质"的博弈。他先找到工会领袖，开诚布公地说："我十分了解公开道歉对于双方的重要性，我一定尽力帮助你们争取，但我不能给你们什么保证。不过，如果你们希望我去争取这件事，你们是否愿意在其他事情上与我合作呢？"

工会领袖问及合作意向，查特给出了需要工会方面合作的条件，即对先前洽谈好的条件做出一些让步，查特说："如果我能争取到对方 CEO 公开道歉，工会方面也要做出些让步，不然这件事后续可能还会激化。我们的目的是让这件事尽快以双方都能接受的方式过去，而不是反反复复地起波澜，我认为那些等待复岗工作的人应该希望早日达成协议。"

此时，工会领袖的关注焦点就在于对方 CEO 是否能公开道歉上，对于其他条件的要求放松了，最终都答应了下来。查特很巧妙地将谈判的核心从劳资关系转换为公开道歉，他还同时将 CEO 公开道歉包装成为一个一揽子解决方案的核心部分，无形中降低了工会方面对于工资、福利方面要求的地位，使得工会没有看清问题的本质。

由此可见，谈判博弈时，谈判者应将所有有关共同利益的问题放在一起讨论，使得利用其中一个讨价还价的博弈可用于另一个博弈成为可能。

谈判涉及双方的利益冲突，如何巧妙地转移焦点，改变事物的性质，为己方争取更多的利益呢？

首先，转变问题的焦点。谈判过程中，当涉及某个关键问题时，对方可能表现出强硬或不可妥协的态度。此时需要转移对方的注意力，引入其他议题。原先的问题可能就变得不那么重要了，而新的话题则为双方提供了新的谈判空间。

其次，重新定义利益。在谈判中，通过重新定义某事物的性质，可以重新定义其价值。例如，某些看似不重要的细节，在特定的情境下可能变得至关重要。如果能够巧妙地重新定义这些细节，就可以为己方争取到更大的利益。

最后，利用情感与认知偏差。利用人的情感和认知偏差，可以有效地改变对方对某事物的看法。例如，通过强调某个方案的正面情感或认知价值，可以使对方更加倾向于接受这一方案。

总而言之，通过巧妙地改变事物的性质，并灵活运用博弈思维，谈判者不仅能够提高自身的谈判能力，更能够促进双方的共赢局面。

守住原则，用后发优势逼对手先亮底牌

沉住气是一种胸有成竹、沉着冷静的姿态，尤其是在激烈变化的谈判场景中，更需要"每临大事有静气"的定力。但在现实中，能沉住气的人总是少数，我们经常会看到一些违逆本意的交易场景的发生。例如，某人非常急切地想要买到某件物品，最终"如愿"以高价购得；再如，某推销人员急于销售某件货物，最终也"如愿"以低价卖出去了。

给"如愿"加上引号，是因为这个"如愿"非常无奈，并非真的如心所愿。我们都希望自己永远能买低卖高，但我们的行为过早地暴露了自己的内心，刚一"交战"就将底牌暴露了，被对方识破后，就只能接受现实。

富有购物经验的人，买东西时总是不紧不慢，能够控制住内心的购买欲望；而富有销售经验的人，也不会急于兜售自己的东西，所谓"销售有三急，一急就输了"。

对于任何实际的谈判，无论受到对方怎样的压迫，都必须守住自己的原则，因为原则是确保自身利益不受损害的底线。还须尽量摸清楚对方的底牌，了解对方的心理，根据对方的想法制定自己的谈判策略，更需要保持耐心，谈判中能够忍耐的一方将获得利益。做到上述三点后，就是等待，待对手显出疲态、防备松懈时，再相机行事。

由此可见，要想在谈判中获得优势，必须运用博弈思维，通过观察和分析对手的行为，预测对手下一步的动向，并据此制定自己的应对策略。那么，如何在实际谈判中运用"后发优势逼对手先亮底牌"这一策略呢？

第一步：深入了解对手——在谈判开始之前，要对对手进行深入的了解，包括其背景、需求、利益点等。这不仅能够帮助预测对手可能的底牌，还能为制定应对策略提供依据。

第二步：保持冷静——无论对手如何施压或提出诱惑，都要保持冷静的头脑。不要轻易表露自己的立场或底牌，以免陷入被动。

第三步：延迟回应——当对手提出某种要求或观点时，不要急于回应。稍作停顿，思考对方的真正意图，以及如何利用后发优势回应。

第四步：诱导对手先亮底牌——通过提出开放性问题、做出模糊承诺或展示自己的优势等方式，诱导对手先暴露自己的底牌。一旦对手的底牌暴露，就可以据此制定应对策略。

第五步：利用后发优势——后发优势意味着在谈判中后行动的一方往往拥有更多的信息和控制权。因此，当对手先亮出底牌时，可以根据其底牌调整自己的策略，占据谈判的主动权。

下面通过一个案例具体分析如何在实际谈判中运用这一策略：

某公司与一家供应商就采购合同进行谈判。供应商提出了一个价格方案，公司需要进行评估。公司了解到供应商急于达成这笔交易，因为其财务状况不佳，需要尽快获得资金回流。基于这些信息，公司决定采取以下策略。

策略一：深入了解对手——公司派出对供应商业务和市场情况非常了解的谈判团队。

策略二：保持冷静——在评估供应商的价格方案时，公司没有表现出明显的兴趣或不满，以免过早暴露自己的立场。

策略三：延迟回应——供应商提出价格方案后，公司表示需要时间评估，并推迟了后续谈判的时间表。

策略四：诱导对手先亮底牌——在谈判期间，公司通过各种方式诱导供应商透露更多关于其财务状况和急于达成交易的信息。

策略五：利用后发优势——当供应商的底牌完全暴露后，公司明确了自己的谈判地位，并提出了更有利的合同条款。供应商由于先前的信息泄露，无法再更改价格或其他关键条款。

通过上述策略的运用，该公司不仅成功地守住了自己的原则，还利用后发优势逼迫供应商先亮出了底牌，最终达成了对公司更有利的采购合同。

综上所述，在谈判中守住原则并用后发优势逼对手先亮底牌是一项重要的策略。不仅需要深入了解对手，还需要冷静分析、巧妙运用博弈思维来获得谈判的优势地位。通过不断地学习和实践，我们可以在谈判桌上更加自如地运用这一策略，为己方争取到更大的利益。

"玉碎策略"表达不再妥协

如果你仔细观察，就会发现，有些人在谈判时会摆出一副"宁为玉碎，不为瓦全"的姿态，他们可以赌上自己的一切，目的就是让对手相信他们的坚定，如果不能达到他们的谈判目的，则也绝对不会考虑其他谈判条件。

清朝光绪年间，直隶保定府有一位商人来到一家玉器店铺买货，这家店铺在当地是老字号了，卖的东西绝对货真价实，但就有一项不成文的规矩，即买主不能讨价还价。

商人在说明自己想要买的款式后，店铺掌柜的向他推荐了一套精美细致的四件套玉器，并且开价白银 300 两。商人验看了玉器后，说只看中了其中的两件，就要这两件，还价 150 两。

店铺掌柜的说："这是一套东西，你买走两样，另外两样也就不值钱了，还留着作甚。"说罢拿起其中一件未被商人看中的玉器就要往地下摔。商人手疾眼快，赶紧阻止了掌柜的，并说："既然另外两样我没看中，你也想摔了，何不就一并给我吧！"

话说到这里已经挺明显了，商人其实是看中了一套四件的，是为了讲价才说自己只看中其中两件的。掌柜的不为所动，又拿起另外一件要摔，又被商人拦住了。掌柜的没好气地说："这两件您又没看上，我摔我的东西，您干吗一个劲地拦着。您如果想要，就四件一起拿走，300 两不讲价，否则就请回吧！"

商人见这位掌柜的丝毫没有降价的意思，而且刚才的举动是真要摔啊，若不是自己拦得及时，玉器就完了，无奈之下，只能以 300 两成交了。

掌柜的之所以能取得博弈的最后胜利，是因为他很清楚这套玉器交易是一个可以分享的"馅饼"，对方和自己一样，都明白只有合作才对双方都有利，但对方并不清楚应该怎样来共享合作的"果实"。也就是说，商人也很清楚能以 300 两买下这套玉器是划算的，如果买不到反而是损失了，虽然掌柜的开出了良心价，但商人和我们大多数人一样，总是免不了要讨价还价。但掌柜的绝对不能接受对自己不利的条件，因此商人的讨价还价让他有些恼火，但恼火也不代表必须发脾气，更不代表要摔坏东西。掌柜的这样做，是要向商人表明一个态度，即这套玉器的卖出价格只能是 300 两，少一两都不行，这种绝不妥协的态度就是在向商人传达"不买拉倒"。

我们在现实中进行商品交易和价格谈判时，不可能使出摔东西的策略，毕竟不是所有的东西都能想摔就摔得了，或者想摔碎就能摔碎的。所以，"玉碎策略"和这个案例一样，都是一种比喻，目的就是向谈判对手提出一个"不买拉倒"的价格，然后就是等待对手妥协，如果对手诚意要买，就可以将交易的利益完全划归自己所有。

如果对手不妥协呢？这种策略不是每一次用都会成功的，需要一些前提，如对手对产品的迫切需要、产品确有稀有性、产品性价比很高，以及使用"玉碎策略"一方的公信力等。在谈判中，这种"玉碎策略"又被称为"博尔韦尔策略"，来源于通用电气公司管理劳资关系的副总裁莱米尔·博尔韦尔的名字。

用对手打败对手

商业谈判虽然是交易双方的对阵，但往往围绕这个交易事件的并非只有谈判的双方，还会有其他待谈判对象。即 A 企业有一个项目正在招募施工方，那么会同时有若干个企业前来竞标，就形成了 A 企业要面对多家竞标企业的谈判局面。这种情况让 A 企业处于谈判的有利位置，可以从若干个谈判对象中找到能将己方利益最大化的那一家竞标企业。

这种情况在商业谈判中十分常见，如果你是 A 企业的谈判代表，应该如何为企业争取最大利益呢？不管你采用什么办法，这些站在谈判队伍里面的对手都是你的"帮手"，你要用对手去打败对手，最后剩下的对手就是你的"朋友"了！

　　清朝光绪年间，这家直隶保定府的玉器店铺内同时来了两位商人，同时看中了同一款玉器。掌柜的知道大赚一笔的机会来了，他向两位商人报价白银 600 两，而原本他对这款玉器的估价是 400 两。

　　此时，商人 A 认为这套玉器的价值应该在 500~700 两之间，因此掌柜的开价 600 两是很公道的，于是同意用 600 两购买这套玉器。事情到了这里，是不是看起来很合理？

　　但现实是不合理的。因为商人 B 愿意出 600 两以上的价格购买这套玉器，所以 600 两的价格并不稳定。正是因为商人 B 的出现，使得这场三人博弈中掌柜的利益有机会获得提升了，因为商人 B 绝对不会让商人 A 以 600 两的价格将其买走。掌柜的会做出预估，最终这件玉器将以 800 两左右的价格成交才是稳定的。

　　于是，商人 B 开价 700 两。这个价格也在商人 A 对这套玉器价值的预估范围内，所以也跟着出价 700 两。掌柜的需要做的就是让顾客相互竞争，他就可以得到最大的利益。

　　商人 B 咬咬牙，再一次报价 750 两。这个价位超过了商人 A 对这套玉器价值的预估范围，他决定放弃。最终商人 B 得到了这套玉器，这最终成交的 750 两的价格也符合掌柜的对成交稳定价的预估。

　　通过上述案例分析可知，为什么博弈中的"对手"变成了"朋友"？因为这两位顾客都需要掌柜的玉器，掌柜的却只需要一位顾客。将这个结论延伸到现实的商业谈判中，如果你是 A 企业的谈判代表，你就要明白，所有的竞标企业都需要 A 企业，而 A 企业只需要最终确定一家企业。正因如此，在谈判中 A 企业需要借助各家竞标企业对彼此进行打压，也就是让竞标企业知道一些他们非常想知道的信息，但这些信息最终的服务对象却不是竞标企业，而是 A 企业。例如，让竞标企业了解一些对方的报价与优惠条件，这样他们为了获得这次施工合同，就必须下调自己的报价并提升优惠条件。在这种反复博弈中，A 企业几乎不用出招，就打败了所有谈判对手。

　　很多人将利益的对立与争夺视为一种"恶"，因此为了利益进行的谈判更像是一场"恶人"间的博弈。那么，在利益博弈中，这种对利益争夺的"恶人"不是越少越好，也不是越多越好，而是适中就好，这样才能达到以"恶"制"恶"的平衡。

◆

第 17 章

营销博弈

借局布阵，力小势大

借用别人的优势，造成有利于自己的局面，虽然兵力不大，却能发挥极大的威力。借他人之势，布自己之阵，是符合经济学理论的行为，从商业利益的角度看，这种做法能让自己以最小的成本获取最大的收益。

智猪博弈：重复剔除严格劣势策略

一个猪圈里，养了一头大猪和一头小猪，两猪共用同一食槽。猪圈设计为自主取食，即主人将饲料放在食槽内，大、小猪需要自己跑到猪圈的另一侧按下按钮，才能让定量的饲料掉入食槽。因按钮距离较远，若一头猪跑去按下按钮，则另一头猪就会守在食槽前抢先进食，去按按钮的那头猪所吃到的食物数量就会减少，甚至吃不着。现假设每按一次按钮落入食槽中的食物为 10 份，会出现如下四种情况：

情况一：大猪去按按钮——则小猪等在食槽旁，待大猪跑回食槽旁后，小猪已抢先吃掉了 2 份饲料，大猪和小猪分食剩下的饲料。最终大猪与小猪的进食比例为 6：4。

情况二：小猪去按按钮——则大猪等在食槽旁，待小猪跑回食槽旁后，大猪刚好吃光了所有掉入食槽中的饲料。最终大猪与小猪的进食比例为 10：0。

情况三：大猪和小猪都去按按钮——则两猪同时跑回食槽，一起进食，最终大猪与小猪的进食比例为 8：2。

情况四：大猪和小猪都不去按按钮——则两猪都吃不到食物，最终的进食比例为 0：0。

根据上面的分析可知，情况三不会发生，因为彼此都希望对方去按按钮。小猪若是等在食槽旁，待大猪去按按钮，自己还能吃到 4 份饲料；若自己跑去按按钮，则一点饲料都吃不到。小猪的选择已经非常明了了，必须等着不动。当大猪清楚了小猪的处境后，它明白不能指望小猪去按按钮了，只能自己去按按钮，即便小猪抢先吃，自己也能吃到 6 份。所以，为了不让自己饿肚子，大猪只能辛苦奔波，小猪则必须坐享其成。

由于小猪有"等待"这个优势策略，大猪则没有优势策略可依仗，选择只有两个：等待就吃不到，去按按钮则能得到 6 份，"等待"因此成了大猪的劣势策略。

很明显，这不符合常理"多劳多得，少劳少得"的认知，必须通过"重复剔除严格劣势策略"的逻辑才能找出"智猪博弈"的均衡解。该逻辑的执行策略如下。

首先，找出某博弈方的严格劣势策略，将此策略剔除后，重构一个新的博弈。

其次，继续剔除新博弈中某博弈方的严格劣势策略，并重复这一过程。

最后，所剩的博弈方策略组合，即为此博弈的均衡解。

无论大猪如何选择，"按按钮"对小猪都是严格劣势策略，必须剔除。在剔除了小猪"按按钮"的选项后，新博弈中小猪的策略只有"等待"。因为"按按钮"对于小猪是严格劣势策略，相对应的"等待"就成了大猪的严格劣势策略，也必须剔除，新博弈中大猪的策略只剩下"按按钮"。在博弈双方都剔除了严格劣势策略后，就达到了重复剔除的优势策略均衡。

与严格劣势策略对应的是严格优势策略，即无论对方怎样选择，某种策略对博弈一方都是有益的，如同小猪的"等待"策略。虽然博弈中的严格优势策略符合逻辑，但在实际博弈中，严格优势策略几乎不会存在，只能通过重复剔除严格劣势策略后得到优势策略均衡。

在营销领域，智猪博弈是在商业或市场竞争中运用智慧和策略，通过先剔除严格劣势策略，建立新的有利于自己博弈的框架，并在新博弈中达到优势策略均衡。可以说，智猪博弈帮助我们制定出巧妙的营销策略，从而在竞争激烈的市场中脱颖而出。

大品牌辛劳，小品牌蹭车

智猪博弈，体现了以猪圈为背景社会中的博弈。小猪放弃竞争权，看似不争，却为自己争取到了最大的利益。大猪独占竞争权，看似争而不倒，却也为自己争取到了博弈之下的最大利益，大、小猪都获得了博弈均衡的最佳利益。对于这种小猪"搭便车"的情况，如果抛开博弈逻辑，是非常不公平的，但嵌入在博弈逻辑中，却是公平合理的。毕竟在社会的大环境下，大猪和小猪都需要生存，大猪占据了大量资源，小猪若想靠和大猪一样的方式生存下来，基本上是不可能的，它必须有不同的策略。

这种情况在商业营销中非常常见，实力雄厚的大品牌不仅早已占据了大多数市场份额，还掌握着各种有利于产品传播和市场占有的资源，小品牌则会选择"蹭车"的方式，让自己的产品也借上大品牌的劲风。于是，一种常见的现象出现了：大品牌对某类产品进行大规模的宣传推广后，市面上就会出现许多雷同的、不知名的小品牌，通过价格方面的优惠吸引消费者。小品牌之所以选择"蹭车"，就是因为竞争不过，因为推出一种产品需要庞大的宣传费用，小品牌无力承担，便搭乘大品牌的便车，在大品牌对产品进行了充分宣传后，伺机投放自己的产品，因为消费者此时已经对该类产品形成了消费印象和消费需求，小品牌可以借此获取一定的利润。虽然利润率无法与大品牌的产品相比，但鉴于自己没付出推广费用的情况，再对比小品牌的经营规模，获利往往是可观的。

当然，上述的"蹭车"方式还处于低段位上，属于普遍小品牌都会做，也必须做的。还有一种高段位的"蹭车"，小品牌直接和大品牌绑定在一起，形成一荣俱荣一损俱损的局面，迫使大品牌必须卖力宣传，并且连带小品牌的产品也要一并宣传。

20 世纪 50 年代，美国的黑人化妆品市场由佛雷化妆品公司雄霸，其他竞争企业根本无力撼动其霸主地位。推销员出身的乔治·约翰逊看中了这块市场，但凭借其刚成立的小公司想和佛雷公司竞争，根本没有一丝胜算。但约翰逊却剑走偏锋，采用了"借力策略"，将自己的产品和佛雷的产品绑定起来。在宣传自己的第一款产品时，打出的广告词是："佛雷的化妆品太棒了，当你用佛雷化妆品之前，先涂上一层约翰逊粉底霜，将会收到意想不到的效果。"

这条广告在投放前，约翰逊公司的人都不理解，认为是在为对手张目。看起来也的确如此，与以往贬低对手的惯常做法不同，约翰逊在称赞对手，但同时称赞了自己的产品，因为约翰逊粉底霜的品质必须与佛雷化妆品的品质一样，才能结合使用。借佛雷的名气宣传自己的策略大奏奇效，原本约翰逊化妆品名不见经传，经此宣传后，立即名声大噪。约翰逊公司得以迅速被消费者熟知并认可，在很短的时间内便具备了挑战佛雷公司的实力。

必须承认，约翰逊公司是聪明的小猪，佛雷公司则是强壮的大猪，小猪与大猪直接对抗是不明智的，不敢对抗也是无法生存的，现实逼迫小猪既要对抗，又要让大猪口下留情。于是，小品牌要做的事就是将大品牌的雄厚实力转化为自己的助力，大品牌可以全面压制干掉小品牌，也可以接受同行小兄弟的存在而分走一小块蛋糕。若小品牌选择正面对抗，则大品牌会毫不留情地吃掉小品牌；若小品牌选择与大品牌绑定，则大品牌既可以接受，也可以不接受。小品牌能够让大品牌接受自己的根本，是让大品牌觉得自己的存在可以为大品牌创造价值，即双方博弈中，大品牌觉得放过小品牌对自己更加有利。

当大品牌允许小品牌同槽进食后，小品牌虽然会分掉大品牌原本的一些市场份额，但也会对大品牌拓展市场份额出一分力，即大品牌认为小品牌吃掉的其实是扩展后的市场份额的一部分，总体上是有利于自己的，于是大品牌辛苦打天下、守天下，小品牌蹭车分得一块领土。

价格战中，理性的一方反而输了

博弈往往是建立在理性的角度上，通过各种方式让己方成为博弈获胜方。在营销博弈中尤其如此，若能在博弈中战而胜之，也预示着自己的利益将得到提升。于是，常规状态下，总是更具理性的一方能够成为博弈赢家，或者博弈各方都具备一定的理性，达到博弈共赢的局面。

但有一种博弈情况好像总是不理性的一方获胜，这就是营销博弈中最常见的价格战。提起价格战，作为销售方和消费方的感觉是截然不同的。销售方无不痛恨价格战，但又不能绝对避免价格战，面对价格战往往也只能加入。消费方无不欢迎价格战，因为自己能从价格战中获得实际利益。如今的"双 11"就是变相的价格战，只不过不是某行业的某家企业发起的，而是形成了一种常规的销售共识，到了"双 11"期间各商家必须降价促销，否则就分不到这杯羹。

如果在价格战中保持理性，会怎么样呢？

暑期将至，某市有 A 商场和 B 商场，其负责人都可能在空调销售旺季来临之际选择降价促销。降价之前，两家的空调销售利润均等，假设各自都是 10。双方都知道，降价后的单位利润会变小，但只要对方不降价，自己的销量就会增加，最终利润也会增加，假设增加为 15；不降价一方的部分消费者会被吸走，单位利润虽然未降，但会因销量缩减而导致最终利润缩减，假设下降为 5。若双方同时降价，各自销量基本不变，但因单位利润下降会导致总利润下降，假设下降为 8。

A 商场和 B 商场降价与否，面临着"智猪博弈"的局面，虽然都不降价是最好的策略，双方都能得到 10 的利润。但每年暑期将至都是空调销售旺季，谁都不能保证对方不降价，或者预测对方何时降价，所以此时单方面选择降价是优势策略，即使得不到高于降价前的利润 15，也能得到利润

8，即自己和对方都没占到便宜。

降价行为基本是分先后的，如果 A 商场优先选择了降价，B 商场的负责人一定知道同时降价所带来的总利润下降，而且价格战可能会引发惨烈的经营后果，因此理性上看最好"不要参与价格战"。但理性的结果是对方因为己方不降价而得到了利润 15，己方只能得到利润 5，显然理性的一方在价格战初期就已经输了，又何谈价格战后期会不会得到惨烈的结果呢！正因如此，B 商场在 A 商场做出降价策略后，其跟进策略也必然是降价，可以选择和 A 商场相同的价格，也可以选择略低于 A 商场的价格。因为 A 商场已经抢先一步降价了，B 商场为了抢占竞争的有利位置，往往会选择略低的价格。作为应对，A 商场会再次下调价格，这就是价格战的决战阶段。最终双方在一系列价格下调后，会重新恢复理性，保住自己的底线利润，不让价格战伤害了经营根本。

可能双方在一系列博弈后，利润维持在各自为 6，比同时降价预估的各自为 8 还要低。但这就是价格战，从理性开始，由不理性持续，最终再由理性终结。所以，在经过了多年的价格战博弈后，如今的企业经营者都明白了价格战的真正意义，不是要通过降价将对手置于死地，而是要借价格下降之势吸引到更多的消费者，最终促成总体利润的提升。如今企业参与价格战已经从实际不理性变成了表面不理性，即不理性是做给消费者看的，参与价格战的各方口号喊得很响，仿佛不将价格降到谷底决不罢休，但各方都很明白利润的底线，保持在一定限度就不会再降了，博弈结果停留在销售方和消费方都满意的均衡点上，剩下的就交给消费者去选择了。

价格战的本质是现代的获客、拉新、留存、促活等模式的综合激发过程，而非过去的你死我活。也正如博弈不是为了论输赢，而是为了各方共赢一样。

借"带头牛"之势宣传产品

不是价格越低的商品就越具有性价比，同理，不是越低的定价就越会受到消费者的欢迎。低价与销量有必然的关系，这是一种认知误区，产品的价格、销量和利润之间的博弈关系绝非这样简单。

如今的索尼电器享誉世界，但在20世纪70年代索尼进军美国市场时，为了尽快打开局面，采用了薄利多销的策略，却不想降低价格的同时也降低了索尼电器在美国人心中的地位，美国人普遍认为索尼电器的低价格就等于低品质。索尼海外销售部部长卯木肇意识到降价策略的失败后，迅速调整策略，决定用品质征服美国人。但不能靠直接提价的办法，必须找个好的切入点，卯木肇将目光瞄向了芝加哥最大的电器零售商马歇尔公司。

卯木肇努力了几次才见到马歇尔公司的负责人，提出希望合作的想法，但对方认为索尼电器的品牌形象太差，且售后服务不好，因此不能合作。卯木肇回去后立即着手重新塑造索尼的品牌形象，同时改进售后服务网点的布局和服务。经过和马歇尔公司负责人的几次接触后，终于争取到了"可以将两款索尼电视摆放在商场中销售"的合作意向，但条件是"价格不能太低，以保证公平竞争"，且"一周之内至少每款卖出去两台"，否则就会"终止合作"。

得到这个来之不易的机会后，卯木肇立即开始运作，在芝加哥本地的宣传中，将索尼电器和马歇尔公司关联起来，由此大做文章。有了马歇尔公司的"带头牛"作用，索尼电器在芝加哥的口碑得以迅速扭转，消费者更有耐心去了解索尼电器，也就有了更多的机会了解索尼电器的好品质。一周内两款电视竟然各卖出了12台，直接成了马歇尔公司销量最好的产品。接下来的故事就是老套路了，换作马歇尔公司主动找到索尼公司寻求合作。

一件商品价格的决定因素是什么？可能多数人都会第一时间想到成本

和品质。不可否认，成本有决定商品价格的作用，而好的商品往往成本高，进而定价高。但成本和品质绝非唯二可以决定商品价格的因素，还必须关注消费者的购买意愿，即消费者愿意花多少钱购买。对于销售方而言，生产商品的目的是盈利，而获得利润的手段是将商品卖出去。对于消费者而言，购买商品的目的是方便自己或者给自己带来利益。营销博弈不是要博取胜负，而是要获得交易中的平衡。因此产品的价格取决于是否能为消费者带来利益。

索尼电器在低价格时不仅没能打动消费者，还被冠上了"低品质"的标签，就是消费者对于索尼电器能够带给自己的其他利益不看好的结果。降价只能给消费者带来让利的唯一性利益，不能给消费者带来商品本身的附加利益，当消费者将低价格因素剔除后，商品对于自己便没有了其他利益，交易是极难达成的。只有在消费者将低价格因素排除后，仍能从商品本身获取到给自己的其他利益时，才会选择购买商品。索尼电器在借助"带头牛"进行宣传后，给了消费者撇开价格继续了解自己产品的信心，才有了后续建立在商品价值基础上的交易。

从博弈论的角度看，卯木肇非常聪明，他没有在降价的道路上一去不返，而是重新相信自身的优势，抓住消费者的心理，借他人之势，实现销售突破。因此，商品交易的博弈，实质上是价值的博弈，而非简单的价格博弈。

大猪扮小猪，"打劫"对手

智猪博弈中，小猪等待大猪按按钮，自己就能吃到食物，如果自己积极去按按钮，反而一点也吃不到了。小猪的优势策略就是"等待"，大猪则因为小猪的选择，而知道了"等待"对于自己是劣势策略，它必须辛苦起来，才能吃到食物。

在商业竞争中，小猪因为实力比不过大猪，只能选择对自己最有利的"搭便车"方式，这是弱势一方的无奈选择，毕竟直接硬刚对手是没有胜算的。可以说，在强弱对决中，小猪选择"搭便车"是迫不得已而为之。但在强强对决中，两头大猪的选择则会更加主动一些，因为谁也不怕谁，可以相互硬刚；因为相互太了解，可以暗度陈仓；因为不想战损过大，可以至弱当至强。

在芯片领域，消费者更加熟悉的一定是英特尔。只有真正的业内人士才了解 AMD 芯片与英特尔芯片一样，都是行业中的佼佼者，都具备引领芯片发展的实力，甚至在一些关键技术上，AMD 还领先英特尔半个身位。按理说，消费者应该同时熟悉这两家企业，可现实却是消费者几乎都知道英特尔，很少有人知道 AMD。

消费者总是能最快知道英特尔推出的新一代 CPU 产品的信息，便认为英特尔在 CPU 的更新迭代上处于领先地位，但事实却是，多数 CPU 的升级迭代都是由 AMD 率先完成的。只是因为英特尔经常藏在 AMD 身后待机而动，抓住最好的时机亮相，才给了广大消费者以错觉。

当 AMD 实现新一代处理器迭代后，便会立即投放市场。在网络并不十分发达的时代，消费者对于高科技新产品的认识往往是滞后的，因此无法在新产品刚上市时就形成强劲的购买力，需要经过一段时间的沉淀后，消费者才能熟悉并认可新产品。恰在消费者刚刚形成购买欲望之时，英特尔便高调推出自己的同类产品。因消费者已经对新一代处理器的参数有了了解，当看到英特尔处理器的参数时便不会陌生，反而会掀起一股讨论浪潮，得以让英特尔处理器迅速打响市场。

AMD 辛苦宣传的成果被英特尔轻易"打劫"走了，这就是 AMD 在技术层面甚至略微领先于英特尔，产品市场占有率却远不如英特尔的原因。英特尔有实力、有资源、有优势，却主动选择了做"智猪博弈"中的小猪，处处慢对手一拍，看似处处落后，却在"搭便车"中实现了巧妙的反超。

小猪没有选择，无法扮演大猪。大猪却有更多选择，可以做大猪，也可以扮小猪。博弈是多方位的，以强相博、以弱相博，只要对于结果有益，便没有区别，目的都是要借对手之势，达到自己的目的。只是大猪在扮演小猪时，需要注意三个方面。

（1）注意对信息和时局的把握。扮演小猪必然会让出一些主动权，就要求对局势的判断必须更加准确，清楚重站主动之位的契机和方式。

（2）注意对对手动向的了解。博弈不是"独乐乐"，而是"众乐乐"。在对手未察觉时，可继续扮小猪；当对手已察觉时，则须考虑变更策略。

（3）注意被其他对手反杀。大猪扮演的小猪，其本质还是大猪，在扮演小猪时也要防备其他对手也扮演小猪，躲在暗处，伺机而动。

总之，营销博弈必须瞄着对手布置策略，所谓敌变我也变。虽然博弈的最佳目的是获取双赢的结果，但也须以博弈各方具备实现双赢的条件为前提，即实力相当、策略得当和利益均衡。